戚氏家训

青少版

李丰 编著

北京理工大学出版社

图书在版编目（CIP）数据

钱氏家训：青少版 / 李丰编著 . -- 北京：北京理

工大学出版社，2025. 8.

ISBN 978-7-5763-5544-4

Ⅰ . B823.1-49

中国国家版本馆 CIP 数据核字第 2025EQ2804 号

责任编辑： 徐艳君　　　**文案编辑：** 徐艳君

责任校对： 刘亚男　　　**责任印制：** 施胜娟

出版发行 / 北京理工大学出版社有限责任公司

社　　址 / 北京市丰台区四合庄路 6 号

邮　　编 / 100070

电　　话 /（010）68944451（大众售后服务热线）

　　　　　（010）68912824（大众售后服务热线）

网　　址 / http://www.bitpress.com.cn

版 印 次 / 2025 年 8 月第 1 版第 1 次印刷

印　　刷 / 三河市金元印装有限公司

开　　本 / 880 mm × 1230 mm　1/32

印　　张 / 6

字　　数 / 120 千字

定　　价 / 35.00 元

翻开这本《钱氏家训》，如同叩响一扇拥有千年历史的朱门。门内没有尘封的旧物，而是流淌着一条清澈的溪流——从五代十国吴越王钱镠写下第一句家训开始，这条溪流浸润了钱氏家族四十余代子孙，孕育出钱学森、钱穆、钱锺书等灿若星辰的人物，最终汇聚成中华文化中独特的家训智慧。

《钱氏家训》的珍贵，在于它承载着中华文明最本真的模样。五代十国时期，吴越王钱镠将"保境安民"的政治理想化作"利在天下者必谋之，利在万世者更谋之"的族规；南宋时，钱氏后人将《论语》中"三省吾身"的修身之道凝练为"曾子之三省勿忘"的家训条目；明清时期，钱氏祠堂里"读经传则根柢深，看史鉴则议论伟"的楹联，悄然呼应着顾炎武"经世致用"的治学精神。这些文字不是刻板的教条，而是一代代读书人将圣贤经典融入血脉的见证。

《钱氏家训》更动人的是，它始终注视着"人"的成长。钱镠在临终遗训中特意叮嘱"子孙虽愚，经书不可不读"，这不是对天赋的苛求，而是对学习精神的坚守——就像少年钱学森在杭州文澜阁抄录古籍时，在家书里写下的"愚钝如我，唯以勤补拙"。书中"持躬不可不谨严"一句曾被用朱砂写在账房杉木屏风上，钱穆回忆童年时说："先父（钱承沛）每晨必肃立账房屏风前，指壁上朱书'持躬不可不谨严'，诏告吾兄弟：'今朝衣冠可整否？心念可正否？'"这些穿越时空的细节，让家训从抽象的文字变成了具体的生命刻度。当你细品"风狂雨骤时立得定，才是脚跟"时，不妨想象钱三强在西南联大躲防空警报时仍坚持演算的身影；当你读到"蓄道德则福报厚"时，可以对照钱穆先生在战乱中守护文澜阁《四库全书》的义举。这些故事不是简单的道德说教，而是展现着中华文化中"知行合一"的成长路径。

作为为孩子打造的全新版本的《钱氏家训》，我们既保留了原文的韵律之美，又用晓白通畅的语言对家训进行了解读，更用钱氏家族生动真实的故事诠释了家训的深刻内涵。"古训今用"则针对孩子现实生活中真实存在的问题，运用家训的原则和方法，进行了有效指导，使家训真正地为孩子所懂、所用。

在这本书里，你会触摸到中华文明最温暖的脉搏。那些关于"读书种子"的期许（"经书不可不读"）、关于"慎独"的告诫（"言行皆当无愧于圣贤"）、关于家国情怀的训导（"庙堂之上，以养正气为先"），实则构建了一个完整的人格成长坐标系。这个坐标系不因时代更迭而褪色：当你在博物馆看到吴越国"保俶塔"的模型时，会懂得"利在万世"不仅是古代君王的担当，也是今天环保行动的初心；当你读到钱学森坚持回国时写给美国同行的信，便能理解"守身如玉"不仅指廉洁自律，更是对文化根基的坚守。

此刻，这部承载千年智慧的家训即将在你手中展开新的旅程。它不再是祠堂里供奉的祖训，而是可以夹在课本里的书签、写在日记本扉页的箴言、融入成长抉择的灯塔。愿你在"诚实守信"中学会对自己坦诚，在"胸怀天下"时不忘从身边小事做起，让传统文化的光照进现实生活的每个缝隙。

目 录

第一章 品德修养篇 教孩子做正直善良的人

第二章 学习成长篇 培养终身学习能力

第三章　家庭责任篇　爱家、懂感恩

第五章　家国情怀篇　从小有担当

第一章

品德修养篇

教孩子做正直善良的人

《钱氏家训》云："心术不可得罪于天地，言行皆当无愧于圣贤。"品德是立身之本，如同大树的根基，唯有正直善良，方能茁壮成长。这一章精选《钱氏家训》中关于诚信、宽容、自律、勇敢的教诲，这些教诲告诉我们：诚实比满分更珍贵，宽容让友谊更长久，自律是自由的开始，勇敢是心中害怕但依然选择做对的事。从"做错事要承认"到"不嘲笑他人"，每一句都是先辈留给我们的做人指南。

"心术不可得罪于天地"

——做一个品格优秀的人

心术^①不可得罪^②于天地^③。

🐌 【注释】

①心术：心思，计谋。

②得罪：违背。

③天地：自然法则，道德正义。

🐌 【译文】

人的心思、计谋，不可违背天地正道。

谦逊照亮科学之路

美国华人科学家钱永健小时候就特别喜欢观察大自然。他的爸爸是飞机工程师，经常带着他在花园里看萤火虫，教他记录这些小虫子是怎么发光的。这份对发光现象的好奇心，带着他考进哈佛大学学习化学，后来又去了剑桥大学继续研究。

20世纪90年代，钱永健听说日本科学家下村修从水母身体里找到了一种会发绿的"荧光蛋白"，但研究遇到了困难。其他科学家觉得这只是水母的特别技能，钱永健却灵机一动："这些发光物质说不定能当科学家的小手电，照清楚

细胞里的秘密！"

经过八年努力，他和团队解决了技术难题。他们把水母的"绿色荧光蛋白"改造得更亮，还造出了蓝色、黄色等不同颜色的荧光蛋白。就像给细胞里的蛋白质装上了彩色小灯泡，科学家第一次能直接看到细胞里蛋白质的活动轨迹。这项发现为人们研究癌症和老年痴呆症打开了医学新世界的大门。

2008年获得诺贝尔奖时，钱永健特别感谢了三拨人。他首先向80多岁的下村修鞠躬，说："您从水母里找到的绿光蛋白，就像给迷路的人递了盏灯。"接着他感谢合作伙伴马丁·查尔菲"证明了用荧光标记细胞的方法"。最后，他笑着说："最该谢谢水母，它们藏了这个发光秘密上亿年呢！"有记者问他成功的秘诀，他指着实验室里忙碌的年

轻科学家们说："科学就像接力赛，我只是刚好跑了最后一棒。"

晚年的钱永健依然每天泡在实验室，手把手教新人用显微镜。他的白大褂口袋里总装着彩色荧光笔，这是他从学生时代就养成的习惯——就像小时候观察萤火虫做记录那样，用不同颜色标出重要的发现。2016年他去世时，全世界几百个实验室同时亮起五颜六色的荧光蛋白，用他发明的"生命之光"向他告别。就像《科学》杂志说的："他让科学闪闪发光，自己却像萤火虫一样谦逊温柔。"

告训今用

因为怕父母批评，不由得撒了谎，怎么办？

数学考卷发下来，你的分数比预期低20分。你把78改成98，但内心很是不安。这时，你需要两个补救措施。

补救一

主动找父母，承认自己的错误，并认真改正错题，表明积极补救的态度。

补救二

与父母共同制订"诚实进步计划"，设立错题本，记录真实错误；每周自选时间反映学习过程中遇到的困惑。

"存心不可不宽厚"

——待人做事要宽容厚道

存心^①不可不宽厚^②。

【注释】

① 存心：指人做事时的根本动机。

② 宽厚：宽容，仁厚。

【译文】

为人处世的根本出发点必须保持宽容、仁厚。

大师的宽容课

钱玄同是我国现代语言学奠基人,这位戴着圆框眼镜的学者在五四新文化运动中展现出独特魅力。当众多改革者主张破除旧文化时,他却提出:"新旧文化应当像河流交汇,各自奔涌又相互滋养。"这种包容思想,如同春风化雨般影响着当时的文化界。

在北京大学讲授音韵学时,钱玄同总把深奥的声韵规律变成趣味故事。1933年春天,他在讲解广东方言时,广东籍学生李锡予发现先生将"粤"字的古音读偏了。这个腼腆的学生鼓起勇气写信指正,没想到三天后的课堂上,钱先生当众朗读这封信:"李同学就像精密的声波仪,帮我校准了发音偏差。"说完在黑板上工整地写下正确读音,教室里顿时响起学生们饱含敬佩的掌声。

这位语言学泰斗的宽容不仅体现在学术上,他给孩子们写信总以"世兄"相称。长子钱三强(后来成为"两弹一星"元勋)回忆:"父亲教我选专业要看兴趣,就像鸟儿选择适合飞翔的天空。"当18岁的钱三强选择物理而非家学渊源的语言学时,父亲笑着在志愿书上签了名。

更难得的是钱玄同对同辈的包容。1924年冬天,鲁迅与钱玄同因《新青年》编辑理念产生分歧,两人在茶馆争辩得茶水凉透。第二天钱玄同却托人送去苏州糕点,附上字条:"昨日争论如刀剑相击,今赠茶点作和谈之礼。"正是

这种胸襟，让鲁迅在1918年受其鼓励写出《狂人日记》，开创了中国现代文学新篇章。

钱玄同的书房里挂着自书条幅："学问如海纳百川，做人当春风拂面。"他用一生证明：真正的文化革新，不在于打倒旧事物，而在于以宽广的胸襟创造新世界。如今北大未名湖畔的"玄同路"，仍在向学子们讲述着宽容的力量。

古训今用

你经常帮助同桌，他却责备你的不足，怎么办？

每次和同桌一起值日，你都会抢着多干活。今天值日，因为你干活的地方有一处遗漏被扣了分，同桌责怪你帮倒忙。怎么办？

方法一：真诚沟通

跟同桌表达清楚自己的好意，并非抢功劳，而是希望提高效率，同时承认自己的疏漏。通过真诚的沟通，避免误会。

方法二：明确责任分工

与同桌协商制定值日分工表，用不同颜色标注各自负责的区域（如蓝色归你/绿色归同桌），完成后互相检查避免疏漏。

"持躬不可不谨严"

——时刻严格要求自己

持躬^①不可不谨严^②。

【注释】

① 持躬：指自我约束的行为。

② 谨严：细致，认真。

【译文】

自我约束时必须做到细致、认真。

严谨求实的钱学森

1933年的夏天，水力学考试后，金悫教授照例先把试卷发给大家改错。钱学森的卷子上全是红钩，只要悄悄在写错的单位"N"后面添个"s"，就能保住100分。可他主动找到金教授，说："教授，我的公式单位写错了。"金教授愣了一下，因为这个错误就像在"米"后面漏写"尺"字那么小，根本不影响答案正确。金教授扶了扶眼镜，看着这个总考第一的学生，在96分的评分栏上重重画了个圈。

这张特殊的试卷跟着金教授经历了战火纷飞的岁月。1937年日军进攻上海时，教授把试卷裹在油纸包里，塞进行

李最底层。逃难路上遇到暴雨，他宁愿自己的衣服淋湿，也要用体温护住这叠考卷。1980年，钱学森回到母校，金教授颤巍巍地取出珍藏多年的试卷。纸页边角虽然泛黄，但当年用红笔写的"自觉扣分"四个字依然鲜亮。

1955年，钱学森放弃美国优厚待遇回国时，美国海关扣下了他所有的书籍资料，只允许带走三本数学手册。在驶向祖国的克利夫兰总统号轮船上，他靠着这三本手册，重新整理出宝贵的科研资料。有位船员好奇地问："这些数字比黄金还重要吗？"他笑着拍拍手册："这是打开未来的钥匙。"

1960年研制东风导弹时，有个年轻工程师把数据写成"约等于5.3"，钱学森立刻严肃地说："要把每个数字当作生命看待，小数点后必须精确到三位！"他带着大家在沙

漠实验基地，用算盘反复计算了三天三夜。当导弹成功发射时，他指着尾迹对同事们说："看，那是我们写给祖国的诚实答卷。"

现在走进上海交通大学档案馆，还能看见那张96分的试卷静静地躺在玻璃柜里。旁边的电子屏上循环播放着钱学森的话："真正的科学从诚实开始，就像春天要从第一颗种子发芽。"

古训今用

作业没写完，还想着出去玩，怎么办？

今天放学，你写作业的时候，几个同学喊你到楼下玩，可你还有数学作业没有完成。你很想出去玩，又怕妈妈责备。这时，你可以按照两个步骤操作。

步骤一：与妈妈主动沟通学习安排

主动与妈妈约定完成作业的时间，比如6点前完成，并保证作业的质量。然后就出去玩的事情，征得妈妈的同意。

步骤二：与同学协调出去玩的时间

如实告知同学，自己还有作业没完成，得到同学的体谅后，与同学约定出去玩的时间，比如6点作业完成以后。

"言行皆当无愧于圣贤"

——对自己的言行负责

言行①皆当无愧于圣贤②。

【注释】

① 言行：指日常的言语和行为。

② 圣贤：代指品德高尚的榜样人物及其教导。

【译文】

日常的言行都应符合品德榜样的标准。

海盐钱氏的直言风骨

在浙江嘉兴的海盐县，钱氏家族自明代起便以"身正为范"为家训，培育出许多敢于直面强权的读书人。这个家族的故事，就像一部跨越四百年的正气长卷。

嘉靖十九年（1540年），钱薇身着青色官袍站在紫禁城丹墀下。这位刚中进士的礼部给事中，不过是个七品小官，却做了一件震动朝野的事——他抬着棺材上奏，直言皇帝沉迷修道荒废朝政。奏章里写道："陛下日事玄修，不亲政事，致使奸佞当道。"字字句句直指嘉靖皇帝与权臣严嵩。廷杖百下的酷刑打断了他的腿骨，贬为庶民的诏书却打不垮他的脊梁。十五年后倭寇侵扰海盐，这位跛足书生变卖田产组建义军，为阵亡将士刻碑立传。

八十年光阴流转，钱氏宗祠的樟树已亭亭如盖。天启四年（1624年），国子监学生钱嘉徵在藏书阁奋笔疾书。面对权宦魏忠贤的滔天权势，这个尚未取得功名的年轻人写下《劾魏忠贤十大罪疏》，字字如刀："操纵内阁如提线木偶，残害忠良似豺狼食肉。"当朝臣们吓得不敢转呈奏章时，他毅然将受阻经过另作奏本，连同罪状直送通政司。这两封奏疏如同惊雷，点燃了清算阉党的燎原之火，《明史》记载此事时特别强调："小臣首发奸逆，气夺九卿。"

史学家统计发现，明代二百七十多年间海盐钱氏共出进士九人，其中七人任职监察系统。这个数据背后，是家族教

育中特有的"谏言训练"——子弟们每月要在祠堂模拟朝堂辩论，老者扮演皇帝权臣，少年练习据理力争。

如今，海盐钱氏宗祠仍保留着特殊摆设：正堂悬"铁砚"象征磨砺心智，东西厢房分别陈列着钱薇的《谏修仙疏》抄本和钱嘉徵的奏疏刻本。每年清明祭祖时，族长都会指着庭院里的戒石宣读："不畏强御，始为钱氏儿郎"。这声穿越四百年的训诫，仍在江南烟雨中铮铮作响。

古训今用

好朋友喜欢说其他同学的坏话，怎么办？

你的好朋友跟你相处的时候，总爱说其他同学的坏话，比如谁的衣服很丑，谁的成绩太差。这时，你需要注意两点。

一、平静表达立场

告诉朋友每个人的特点不同，不要随意评论，然后转移话题。若朋友继续说，可找个借口，比如接水或写作业，选择暂时离开。

二、反思自己

要反思自己是否也有议论别人的习惯，如果有，就及时改正；如果没有，就继续保持，不要被好朋友影响。

"曾子之三省勿忘"

——经常反省自己的不足

曾子之三省①勿忘。

【注释】

①三省: 每日多次自我反省。三, 虚数, 指多次。

【译文】

要牢记曾子每日多次自我检查的教导。

钱玄同的两次"自我背叛"

1906年的东京樱花树下，23岁的钱玄同捧着《说文解字》向章太炎行拜师礼。这位国学大师不知道，眼前虔诚的弟子将在未来三十年里，以两次惊世骇俗的"背叛"改写中国文字史。

留学归国的钱玄同起初是旧文化的捍卫者。他在北大课堂上用篆书写板书，要求学生必须背诵《尔雅》注疏，甚至穿着汉制深衣授课。1912年春天，经学大师崔适在讲座中尖锐指出："古文经学就像修补破屋，今文经学却是重建地基。"这句话如同惊雷，震醒了沉醉于古籍考据的钱玄同。他花了三个月时间对比两种学说，最终在日记里写道："往日所奉金科玉律，竟是作茧自缚。"自此，他烧毁十年研究手稿，转向注重现实意义的今文经学，完成了第一次思想蜕变。

1917年7月1日，北京街头突然出现拖着辫子的"勤王军"，张勋复辟的闹剧让钱玄同彻底清醒。看着商铺匆忙挂起的龙旗，他忽然意识到：旧文化不是华服，而是枷锁。当天深夜，他翻出珍爱的汉服投入火盆，火光中对着《新青年》编辑部方向喃喃自语："该给汉字动手术了。"

在新文化运动的浪潮中，钱玄同展现出破釜沉舟的勇气。他率先提出"汉字革命"主张，却在推行世界语的激进风潮中保持了清醒。1919年主持国语统一筹备会时，他巧妙

地平衡传统与现代：既创制注音符号搭建识字桥梁，又保留汉字文化基因。历时十二年编纂的《国音常用字汇》，收录的每个字音都经过方言调查与古籍印证双重校验。1932年该书出版时，他在序言中特别强调："改革不是斩断根脉，而是修剪枯枝。"

晚年的钱玄同常坐在北平图书馆碑帖室里，抚摸着甲骨文拓片对助手说："你看这些三千多年前的符号，当初也是新文化。"

古训今用

最近总是心烦气躁，爱发脾气，怎么办？

最近你总是因为一点小事就和身边的人发脾气，比如，嗔怪父母做的饭菜不合口，指责朋友放学不等你。这时，你可以使用两个方法。

方法一：找出情绪根源

与家长共同列出发脾气的可能诱因，比如睡眠不足、作业超量等，然后针对具体情况，协商调整作息或拆分任务量。

方法二：科学疏导情绪

准备减压玩具，如捏捏乐，烦躁时用力揉捏一分钟，通过触觉刺激平复情绪。也可以每日跳绳或拍球十分钟，通过运动释放情绪。

"处事不可不决断"

——做事果断，不拖沓

处事^①不可不决断^②。

【注释】

① 处事：处理事务。

② 决断：及时，明确。

【译文】

解决问题时必须做到及时判断、明确决定。

果敢的力量

　　钱其琛是国际舞台上具有重要影响力的中国外交家。在担任外交部部长的十年间，他以冷静果敢的风格，多次在复杂的局势中维护国家利益，给外界留下深刻印象。

　　1990年8月2日，伊拉克入侵科威特，引发第一次海湾危机。美国为介入地区局势，迅速向海湾调遣军队，同时推动联合国安理会授权其行动。当时，中美关系因美国对华制裁陷入低谷，但制裁并未达到预期效果，反而对美国自身经济利益造成冲击。在这样的背景下，美国国务卿贝克向钱其琛提出"交易"：以中国在安理会投票支持美国提案为条

件，换取解除对华制裁。

面对这一提议，部分人认为这是改善中美关系的契机。但钱其琛敏锐地指出：经过一年制裁，美国恢复对华正常交往的需求比中国更迫切，绝不会因中国行使正当权利而令关系进一步恶化。最终，中国在安理会第678号决议表决中坚持独立自主原则投出弃权票。事实证明，钱其琛的判断完全正确——美国此后按计划逐步取消制裁，中国既捍卫了外交立场，也维护了国家尊严。

值得一提的是，钱氏家族另一位代表人物钱学森，同样以果敢坚毅著称，这位享誉世界的科学家在青年时期便展现出非凡的胆识。

1935年，钱学森考入美国麻省理工学院航空工程系。当时的中国积贫积弱，一些外国学生当众贬低中国。面对羞

辱，钱学森毫不退缩，起身直言："中国的确暂时落后，但若论个人能力，你们谁敢与我较量？"掷地有声的反问令在场的人哑口无言。钱学森以实际行动证明了自己的实力：仅用一年便完成硕士学业，论文《高速气动力学问题的研究》以优异成绩通过答辩。

古训今用

妈妈想给你报你不喜欢的兴趣班，怎么办？

妈妈想给你报围棋兴趣班，她认为围棋能开发大脑，可你对乒乓球更感兴趣。这时，你需要表明两个态度。

一、表明你真实的意愿

坦白告诉妈妈，你更喜欢乒乓球，并列举练习乒乓球的好处，比如增强身体素质，提高反应能力等，让妈妈支持你的意愿。

二、表明你诚恳的态度

表明你会努力学好乒乓球的态度。与妈妈一起定下规则，如果学习过程中有偷懒的情况，就终止学习。同时，尝试接受妈妈的建议，利用业余时间自学围棋。

"风狂雨骤时立得定，才是脚跟"

——坚强面对生命中的挑战

风狂雨骤①时立得定②，才是脚跟③。

【注释】

① 风狂雨骤：狂风大作，暴雨肆虐。

② 立得定：站立得住。

③ 脚跟：根基。

【译文】

面临重大考验时能坚守原则，方显立身根本。

三次抉择见风骨

1907年秋日的常州府中学堂，14岁的钱穆抱着《左传》走进教室，这个嗜书如命的少年不曾想到，自己将在此经历人生第一次重大抉择。当全校因反对刻板的修身课爆发学潮时，同窗们推举这位成绩优异的学生作为谈判代表。面对校方"不得减免课程"的冰冷答复，众人犹豫退缩之际，钱穆独自走向教务处，在退学申请书上工整写下："宁舍文凭，不弃求真。"细雨蒙蒙的离校路上，他紧攥着半部未抄完的《史记》笔记，这个倔强身影开启了贯穿其一生的坚守之路。

十六年后的厦门集美学校，身着灰布长衫的钱穆已成长为史学教员。1923年5月的海风裹挟着"收回旅顺大连"的爱国呼声，学生们自发组织抗日宣讲却遭校方镇压。当校长叶渊开除学生代表时，钱穆夹着教案，径直走进校长室："今日开除的是学生，明日失掉的是人心。"调停失败后，他当众撕毁续聘合同，将未领的三个月薪水分给被开除学生做路费。离校那日，码头工人看见这位清瘦的先生站在舢板上，对着校园方向深鞠三躬——他守护的不仅是学生，更是知识分子"士不可不弘毅"的精神火种。

1950年的香港深水埗，连场台风掀翻了新亚书院的铁皮屋顶。钱穆在漏雨的教室里，用手帕擦拭着淋湿的《国史大纲》讲义，对瑟瑟发抖的七个学生说："只要还有一人

愿听，讲堂就不会关闭。"当捐助人要求更改"传承中华文化"的办学宗旨时，他连夜将募捐箱退回，在日记里写道："饿死事小，失节事大。"正是这种磐石般的坚守，让这所最初只有四名教员、十一个学生的书院，在九年后成为香港中文大学奠基者。

古训今用

付出努力却未达预期，怎么办？

尽管练习数百道数学题，最终在全区的数学竞赛中仍然没能进入前三名，你感到很失落。这时，你可以通过两个认知调整心态。

认知一：一次失利不代表全部

比赛名次不能完全反映能力，可能受题型特点或对手优势影响。这次经历恰好提供查漏补缺的机会，你要学会将失落转化为动力，针对问题改进。

认知二：过程积累更有价值

在努力的过程中培养的坚持精神和掌握的方法，可应用于其他领域。挫折中的成长会让你更强大，认真参与竞赛本身已是突破自我的胜利。

"聪明睿智，守之以愚"

——越有大智慧的人越懂得收敛光芒

聪明睿智，守①之以愚②。

【注释】

① 守：收敛。

② 愚：愚钝。这里并非真的愚钝，而是指藏拙之态。

【译文】

才智过人者更需谦逊内敛。

大智若愚的天才们

1920年北京孔德学校的梧桐树下，7岁的钱三强抱着《格致须知》匆匆走过长廊，同学们嬉笑着喊他"书呆子"。父亲钱玄同听闻儿子的绰号后，在宣纸上挥毫写下"人而不呆，不可为友"的家训，特意将墨迹未干的条幅挂在书房。

十六年后的清华园篮球场上，穿着补丁衬衫的钱三强高高跃起，精准的远射引发阵阵喝彩。这位被称为"山猫队灵魂"的物理系学生，既能用三个公式解开流体力学难题，又能用口琴吹奏贝多芬的《月光奏鸣曲》。当法国导师约里奥-居里询问他为何放弃巴黎的优渥生活时，他摸着实验室里锈迹斑斑的辐射计数器说："这里的每个零件，将来都会变成祖国戈壁滩上的钢架。"

时光流转至1994年深秋，83岁的钱学森收到香港霍英东基金会百万港元奖金通知单。这位主持研制东风导弹的科学家，却盯着汇款单上的数字皱起眉头："沙漠里种活一棵胡杨要多少钱？"三天后，夫人蒋英带着签好字的捐赠协议飞往甘肃，将这笔钱化作腾格里沙漠边缘的十万株梭梭树苗。当记者追问为何不留给子孙时，他指着书房里"利在一身勿谋也"的字幅笑道："智慧应该种在土地里生根发芽。"

在清华图书馆的尘封档案里，保存着1932年苏州中学

的操行评语簿。15岁的钱锺书在"仪容"栏得了个丙等，评语写着"常着反衣而不自知"，却在"国文"栏创下全校史上最高分。这个穿反毛衣背《离骚》、系错鞋带解微积分的少年，四十年后写出被誉为"文化昆仑"的《管锥编》。曾有位美国学者见他用报纸包书，问为何不用真皮封面，他摸着磨损的书角说："学问在字里行间，不在装帧面子。"

当世俗眼光计较着眼前得失时，真正的智者早已将目光投向星辰大海。

古训今用

你成绩优异，同桌却因为没考好不敢告诉家长，怎么办？

这次数学考试，你又得了100分，而同桌却考了倒数第几名，他因此害怕被家长批评。这时，你需要两个策略。

策略一：分享方法，找到原因

主动跟同桌分享你的学习方法，比如整理错题集等。同时，帮助同桌查找这次考试失分的原因，如果对方需要，可给予认真讲解。

策略二：与同桌一起制订互助计划

在同桌愿意的前提下，制订共同学习的计划，比如每天课间或放学后一起写作业，他有不会的问题及时问你等，帮助同桌进步。

"勇力振世，守之以怯"

——勇敢不等于莽撞

勇力①振世②，守之以怯③。

【注释】

①勇力：勇猛的武力。

②振世：震动当世。"振"通"震"。

③怯：非懦弱，指审慎态度。

【译文】

　　纵有威震天下的勇武之力，处事仍需保持谨慎。

笔墨当戈的历史学家

1937年秋，日军占领北平。历史学家钱穆带着装满书籍的木箱南下流亡。次年抵达昆明后，钱穆开始撰写《国史大纲》。他用毛笔写下序言："凡读本书请先坚信——任何国民都应对本国历史有所知。"

1938年抵达昆明后，钱穆在西南联大茅草搭成的教室里授课。每当空袭警报响起，他就带着学生躲进防空洞，借着油灯继续讲课。有学生质疑："战乱年代学历史有什么用？"他坚定回答："知道为何而战，才能坚持到底。"1939年《国史大纲》重庆版本出版时，封面特意印上"献给前线将士"的红色大字。这部书很快传到各地，北平的学生冒着危险手抄传播，有的抄本还夹带着抗日传单。

1941年钱穆向滇缅前线捐赠三十箱奎宁药片，还组织学生为远征军编写《历史故事读本》。在昆明街头演讲时，他用《资治通鉴》里的故事分析战局，吸引大量市民旁听，连菜贩都放下担子记笔记。

1944年日军进犯湘桂，钱穆在重庆防空洞写下《知识青年从军的历史先例》。他在文章中列举南宋岳飞、明末张煌言等历史事例，鼓励青年参军报国。《大公报》刊发此文后，仅复旦大学三天内就有一百二十七名学生投笔从戎。

1949年后，钱穆在香港创办新亚书院，继续研究历史。每当新生入学，他总要讲解《国史大纲》序言："忘记

国家至上　　　　民族至上

做一个中国人
一个爱自己历史文化的中国人

历史如同树木断了根须。"该书在1990年前后已再版二十四次。钱穆晚年定居台北，卧室长期挂着1939年版《国史大纲》封面复刻品，书架上整齐排列着各地读者寄来的《国史大纲》的不同版本。

1990年8月30日，钱穆在弥留时刻，还在断续地背诵："凡读本书请先坚信……"次月出版的《人民日报》刊文评价："他用历史点燃民族精神火种，在文化战线筑起抗战长城。"

古训今用

同学恃强凌弱，欺负低年级同学，怎么办？

低年级的同学在玩篮球，你的同学倚仗自己高年级的身份，霸占篮球和球场，产生冲突。这时，你需要两个策略。

策略一：激发同理心

采用换位思考的方式劝导同学："想象一下，如果你刚上场就被更强壮的同学赶走，会是什么感受？篮球是大家的运动，公平参与才有真快乐。"

策略二：设计协作活动

提议混合年级3V3比赛：每队须包含一名低年级学生，每十分钟轮换队长，用团队荣誉感替代欺凌行为。

第二章

学习成长篇

培养终身学习能力

《钱氏家训》说："读经传则根柢深。"钱学森用算盘计算航天数据，钱伟长从文科转学物理，都印证了"读书要像树根扎土，越深越稳"的道理。家训里"能改过则天地不怒"的智慧，教我们犯错不可怕——钱永健发明荧光蛋白时失败上千次，每次都在实验本上认真改错，最终点亮了科学之光。

　　"看史鉴则议论伟"告诉我们要多读历史。钱穆在战火中整理古籍时说："读史书就像和古人对话，能看清未来的路。"

　　今天的你，可以每天读一页书、每周写一篇日记，像钱家人那样把"坚持学习"刻进生活。

"读经传则根柢深"

——养成读书的好习惯

读经传①则根柢②深。

【注释】

① 经传：特指儒家"五经"（《诗》《书》《礼》《易》《春秋》）及历代注疏。

② 根柢（dǐ）：树木主根。这里比喻学问根本。

【译文】

研读经典著作，才能筑牢学问根基。

读书成痴的钱锺书

钱锺书从小就是个"书痴"，这份对读书的热爱，让他从江南小镇的书香门第走向世界文坛巅峰。1910年冬天，无锡钱家迎来新生命。周岁抓周仪式上，小婴儿越过算盘、刀剑，一把抓住《庄子》咯咯直笑，祖父当即取名"锺书"。7岁能读《七侠五义》的他，常揣着铜板去书摊租书。为了多看几页《说唐》，总在收摊时求老板："让我看完秦琼卖马这段吧！"泛黄书页上稚嫩的指印，铺就了他求学东林小学的道路。

钱锺书14岁考入苏州桃坞中学，教会图书馆的外国小说《茶花女》让他着迷。捧着林纾翻译本，他盯着"马克"这个外国名字突发奇想："要是学会外文，就能读原汁原味的故事！"从此，这个少年左手捧英文版《莎士比亚》，右手拿《庄子》，膝盖上摊着自制的单词本，连篮球场上的欢呼声都带不走他的专注。1935年赴牛津留学时，他的行李箱里塞着亲手抄录的《全唐诗》选本，书页空白处用五种语言写满批注。

18岁报考清华大学时，数学只考了15分的钱锺书，却因中英文满分被破格录取。在牛津大学深造期间，他为了查证但丁《神曲》里的一个典故，连续三周每天站八小时查阅古籍，找到答案时才发现双腿都肿了。这种"较真"精神延续到抗战时期——1938年在西南联大任教时，他躲避空袭

42

的防空洞里总是摊放着《谈艺录》手稿，笔记本上贴着英、法、拉丁等七种语言的纸条，学生笑称这是"移动的联合国图书馆"。

1941年，钱锺书任教湖南蓝田师范学院期间，每周步行二十里山路去县图书馆查《四库全书》。有次为核实宋代诗人杨万里"小荷才露尖尖角"的出处，他翻遍七种古籍，最终在明代刻本里找到佐证。正是这种"宁拙勿巧"的态度，让《围城》中八百余处中外典故无一错漏。

古训今用

你总是看不进去书，怎么办？

老师和父母都让你有空多看看书，可是你一看书就犯困，看不下去。这时，你可以尝试两个方法。

方法一：从自己的兴趣入手

可以从自己感兴趣的话题或内容入手，比如痴迷足球，先读《梅西传记》，延伸至《足球运动科学》，最后过渡到物理力学原理类的书籍。

方法二：设置家庭共读盲盒

与父母共同阅读，培养家庭阅读氛围。同时与父母约定每周互换书籍盲盒，读后分别讲述书中自己感觉最震撼的段落，激发表达欲。

"尽前行者地步窄"

——学习要掌握适合的方法

尽①前行者地步②窄。

【注释】

①尽（jǐn）：过度，一味。

②地步：原指立足之地，引申为发展空间。

【译文】

一味冒进者，道路只会越走越窄。

从零开始的科学征途

钱伟长用一年时间创造了奇迹——从物理只考5分的文科生，逆袭成清华大学物理系尖子生。这个看似不可能的故事，见证了一位科学家在国难中的觉醒与拼搏。

1931年秋，刚以语文满分考入清华中文系的钱伟长，得知东北被日军侵占的消息后，毅然决定改学物理。物理系主任吴有训教授看着这个物理只考了5分的学生，指着校园日晷立下约定："明年数理化三门都要考70分，否则回去学文学！"

起初，钱伟长用背古文的方法学物理：把物理公式抄成卡片挂在床头，像背《赤壁赋》那样每天早起朗诵；把元素周期表编成顺口溜，给微积分符号画成图画。但他第一次物理小考只得了38分，试卷上的公式就像乱码般陌生。直到学霸同学提醒："物理不是背课文，要让公式活起来！"他才恍然大悟，开始用彩色笔在课本上画图：用红笔标出电流方向，用蓝笔勾画磁场轨迹，把复杂的物理现象变成连环画。

寒冬腊月里，这个南方学子裹着棉袍在图书馆苦学。管理员发现他总在闭馆时藏起写满德文公式的草稿纸——原来他同时自学德语，对照着中德两版物理书找差别。春节同学们回家团圆时，他独自在宿舍窗玻璃上画飞机翅膀的曲线，呼出的热气在玻璃上结出冰花，成了特殊的"物理笔记"。

一年后，当钱伟长拿着物理87分的成绩单站在吴教授

师志坚育俊贤

47

面前时，这位严师激动得眼镜滑落鼻梁。曾经连滑轮原理都搞不懂的文科生，此时已能在科学杂志发表论文。这场逆袭不仅成就了"中国力学之父"，更证明了一个道理：爱国情怀与科学精神结合，能爆发出惊人力量。从苦背公式的迷茫到创立科学理论的从容，钱伟长用行动写下箴言：世上无难事，只怕有心人。

古训今用

老师教的解题方法又复杂又难理解，怎么办？

今天有一道数学题，大多数同学都不会，而老师教的方法又复杂又不好理解。这时，你可以采取两种方式。

方式一：逆向检验法

从答案倒推过程，比如题目问"甲比乙多 20 元后总额为 300 元，求甲原有多少元"，可假设乙原来有 80 元，倒推甲应有 100 元，再去检验、排除。

方式二：具象转化法

尝试把抽象问题画成示意图，让答案更清晰明了，比如行程问题就画线段图，几何题就用硬币摆形状，图文结合去理解。

"向后看者眼界宽"

——不断开阔自己的眼界

向后看者眼界^①宽。

🐚 【注释】

①眼界：目力所及范围，引申为认知维度。

🐚 【译文】

懂得回顾、总结，见识会越来越宽。

跨界思维成就科学传奇

钱学森用一生证明，真正的科学家不会被学科边界束缚。从铁道工程到航天事业，从敦煌壁画到现代城市设计，他用跨界的智慧为中国科技发展开辟新路。

1932年淞沪抗战的硝烟中，上海交大优等生钱学森看着被炸毁的火车图纸，突然明白"造飞机比修铁路更能保家卫国"。这个21岁的青年连夜啃完三十七本航空书籍，三个月后带着手绘的"飞行秘籍"登上赴美轮船。这本贴着"科学无国界"标签的笔记本，记录着他用几何图形破解气流奥秘的奇思妙想，就像小朋友用积木搭建梦想的飞船。

在加州理工学院，这个中国学生让导师冯·卡门大吃一惊：他像搭积木般把数学、艺术、物理混搭，用敦煌飞天的飘带曲线优化飞机外形（这些壁画里的丝绸飘带其实暗含空气动力学原理），拿热力学原理调配火箭燃料比例，甚至用中医"君臣佐使"的药方思维设计零件搭配。1945年参与撰写美国航天战略报告时，他首次提出"团队协作搞科研"的理念，像乐队指挥般让不同专业的科学家合奏科技交响曲，这份文件后来成为人类登月计划的蓝图。

1955年回国后，钱学森告诉科研人员："造导弹就像演奏交响乐，每个零件都要精准配合。"他发明的"团队工作法"让数万科研人员默契合作，就像钟表的齿轮严丝合缝。20世纪80年代提出"系统科学论"时，他用水库打比方：

"各学科像小河汇成大江，系统科学就是调节水量的智能大坝。"有位年轻科学家用这个理论解决农田灌溉难题，钱学森笑着鼓励："科学就像水，流动起来才有生命力。"

晚年的钱学森书房像个"知识超市"：《量子力学》旁边放着《黄帝内经》，建筑图册挨着宇宙学著作，每本书都贴着彩色标签笔记。

古训今用

总觉得和爷爷奶奶有代沟，怎么办？

爷爷奶奶特别喜欢唠叨过去的事情，可是你觉得过去都是"老皇历"了，提它有什么用。这时，你可以通过两种方式调整自己的思路。

方式一：动手验证老智慧

奶奶说以前用盐水腌菜不容易坏，你不妨和她一起做个对比实验，一组用盐水，一组不用，观察哪组先发霉，顺便查查防腐原理。

方式二：用现在对比过去

爷爷说以前用算盘计算，又快又准。你试着用计算器和爷爷比赛计算，再研究一下算盘乘除快、计算器加减快的规律，拓宽自己的眼界。

"能文章则称述多"

——要不断提升写作技能

能①文章则称述②多。

【注释】

① 能：擅长，善于。

② 称述：传扬称道，传颂。

【译文】

擅长写文章的人，他的言论、思想会被广泛传颂。

笔墨破茧的成长路

钱锺书小的时候很喜欢读书，随着阅读量的增加，他的写作能力也得到了飞速的提高。钱锺书的父亲钱基博，字子泉，是一位精通经史的名家，写有《经学通志》《韩愈志》等大量著作。钱基博看到钱锺书很能写，心里非常安慰，觉得他是可塑之才，于是有意培养他的写作能力。

钱基博常让钱锺书代笔写信。起初，是钱基博口授，他代写。后来，全由钱锺书自主发挥，全权代父亲写信件、文章。有一次，乡下的一家大户家里死了人，就托人请钱基博代写一篇墓志铭。钱基博又把这事交给了钱锺书代笔。钱锺书毫不推辞，很快用骈文写了一篇《王公墓志铭》，父亲竟破天荒一字未改。

1929年，钱锺书考入清华大学西洋文学系，毕业后留学英法。回国后，他先后任清华大学、西南联大、蓝田国立师范学院等校的教授。随着人生阅历的逐渐丰富和学识的日益渊博，钱锺书的写作能力更是一日千里。他用诙谐的笔触写成的长篇小说《围城》令无数读书人为之倾倒。

钱锺书的"能写"，不仅体现在文采上，还有深厚的学术根基作为支撑。有一次，黄永玉要写一篇有关"凤凰涅槃"的文章，但手里一点儿材料没有。他先后向《辞源》《辞海》《中华大辞典》《佛学大辞典》等资料室询问过，还专门请教了北京的民族学院和佛教协会，结果都没有得到

满意的答复，最后只好求教钱锺书。

钱锺书接到电话，略一思索说："你去翻一翻中文本的《简明不列颠百科全书》，在第三本里可以找得到。"

黄永玉按图索骥，果然找到了这个词条，总算解决了问题。通过这件事，可以看出钱锺书的学术功底之深厚。在《围城》手稿的扉页上，仍可辨认出钱锺书晚年补记的感悟："文章得失非天意，字字皆从磨砺出。"

古训今用

老师总夸你同桌的作文写得好，你很羡慕，怎么办？

每次作文课，老师都夸赞你同桌的作文写得优美，内容又丰富。与同桌相比较，你的作文写得干巴巴的。这时，你需要做好两个准备。

准备一：学习他人优点

虚心向同桌请教他的学习方法，比如如何积累好词好句。同时借阅他的作文本，找到最少三处精彩描写，模仿这些句子的结构。

准备二：加强日常积累

每天摘抄两个优秀句子（写景/写人各一），每周仿写三次。仔细观察生活细节，如树叶飘落的样子，随时将这些现象记录在便笺上。

"大智兴邦，不过集众思"

——多听取大家的意见，不独断专行

大智①兴邦②，不过集众思。

【注释】

①大智：真正的智慧。

②邦：国家。

【译文】

真正能振兴国家的智慧，其实就是汇聚大家的想法。

协同之力叩科学门

1931年秋日的清华园，在新生报到处，老师盯着成绩单难以置信——国文满分的钱伟长执意要进物理系，这个物理仅得5分的青年在"九一八"事变次日写下"科学报国"的血书。

在加州理工学院的喷气推进实验室，钱伟长师从冯·卡门教授时，首次体验到科学协作的魅力。在导师每周举办的"咖啡时间讨论会"上，助教与清洁工都可畅所欲言，这种学术民主深深震撼了来自东方的学子。1946年归国任教清华，他特制"问题墙"悬挂于实验室——任何人均可用便签提出疑问，即便写着"为什么飞机的翅膀不易折断"这类基础问题，也会得到认真解答。

1951年深冬的力学研讨班，青年教师指着黑板上的复杂公式发怵，钱伟长用粉笔画出简笔卡车："咱们就像造这辆车，你造轮胎，他做引擎，我来组装。"他将圆薄板大挠度难题拆解为七个子课题，带着二十余名师生耗时半年攻坚。当最终成果发表于《中国科学》时，论文署名栏密密麻麻地排列着所有参与者的姓名，这种署名制度开创国内科研协作先河。

"智慧藏在每个提问里"是钱伟长常挂嘴边的话。1953年，在一次卫星壳体强度研讨中，有位实验员怯生生地问："为什么薄铁皮承重反而比厚铁皮好？"这个看似简单

的问题，竟引发团队对材料微观结构的重新探究，最终催生出"弹性薄壳统一理论"。该成果被应用于我国首枚探空火箭设计时，钱伟长特意将提问者的名字刻在模型底座，"科学大厦需要每块砖石的智慧。"

古训今用

你在小组活动中，提意见没人支持，怎么办？

元旦联欢会，老师要求每个小组出一个节目。你是组长，擅长朗诵，提议大家一起表演诗朗诵，却没得到组内同学的支持。这时，你需要做两件事。

一、融合集体智慧

团队合作最重要的是大家团结一致。所以，不要只考虑自己的特长，可以先倾听每位成员的想法，记录三个可行性方案，再通过协商确定基础框架。

二、发挥成员优势

快速梳理小组成员的特长，如乐器、绘画、电脑技术，然后结合成员的特长制作分工对照表。同时，尽可能设计复合型节目，发挥成员的各自优势。

"能改过则天地不怒"

——犯了错误要诚心改正

能改过①则天地不怒②。

【注释】

① 改过：改正过失或错误。

② 怒：生气，责难。

【译文】

人若能改正过错，天地就不再责难，会原谅他。

在错误中成长的文学家

　　钱锺书小时候是个聪明但贪玩的孩子。1922年夏天，18岁的他和堂弟在无锡老家读书。父亲钱基博去北京前布置了古文作业，要求他们每天早起读书。堂弟认真完成功课，钱锺书却把书本卷成帽子遮太阳，偷偷跑到太湖边和渔夫的孩子们比赛划船、游泳。一个月后父亲回家检查作业，发现他只歪歪扭扭地抄了半篇《洛神赋》，气得用刻着"业精于勤"的竹戒尺打了他手心。

　　这次教训让钱锺书醒悟了。第二天天没亮，他就把藏在床底的武侠小说全还给了书摊，从父亲书房搬出《唐宋八大

家文钞》，在书的第一页用红笔写下"雪耻"两个大字。以前，他觉得难懂的韩愈文章，现在读着读着突然开窍，发现自己以前读书太不认真。

1923年春天，历史学家钱穆请钱基博为新书作序。父亲把这事交给儿子："写得好就送你去考清华。"钱锺书关在房里三天，翻烂了《文心雕龙》等写作指导书，写出了一篇漂亮的文言序言。父亲看完没说话，却把自己珍藏的清代学者顾炎武手稿送给他——这是严父最大的夸奖。

1929年清华大学发榜时，钱锺书数学只考了15分，但国文和英文都是第一名，被破格录取。外文系主任吴宓教授看到他的试卷惊叹："这个年轻人的古文功底，像研究几十年的老教授！"后来钱锺书写出著名小说《围城》，里面主人公买假文凭的故事，可能就来自自己破格录取的经历。

当年挨打时跪过的祠堂青砖，现在还保存在无锡钱锺书故居。那把刻着"业精于勤"的戒尺，静静地躺在玻璃柜里，提醒着每个参观的孩子：正是少年时的这次醒悟，让贪玩的钱锺书变成了精通七国语言、写下《管锥编》等巨著的大学者。他用自己的故事证明：只要肯努力，什么时候开始都不晚。

古训今用

数学考试全班垫底，你觉得很丢人，怎么办？

数学考试，全班成绩都很好，只有你一个人因为错题最多，成绩倒数，你觉得很丢人。这时，你需要做出两个转变。

转变一：心态的转变

犯错并不可怕，可怕的是不及时改正。考试只是检验学习成果的一种方式，及时改正错误、弥补不足，反而利于进步，没什么可丢人的。

转变二：学习方式的转变

认真整理卷子的错题，分析错误的题型及失分原因，通过整理错题集、反复练习等方式，强化数学基础，不会的及时请教老师或家长。

"花繁柳密处拨得开，方见手段"

——要掌握真正的本领

花繁柳密处拨^①得开，方^②见手段^③。

【注释】

①拨：开辟。

②方：才。

③手段：本领，能耐。

【译文】

在花丛密布、柳枝繁杂的地方开辟出道路来，才能显示出真正的本领。

风暴中的科学坚守

1965年秋天，国家批准了研制人造卫星的"651计划"。负责航天工作的钱学森接到任务时既兴奋又担忧，因为当时社会环境开始变得动荡。两年后"文革"爆发，许多科研单位陷入混乱，实验室被占用，科学家被批斗，卫星研制工作面临停摆危险。

在最困难的1968年，钱学森带着中央特批的文件来到酒泉卫星发射基地。他看到计算机房墙上贴满大字报，立即召集大家开会："卫星要上天，数据不会骗人！"他当众宣布恢复被错误停职的专家工作，要求所有人把精力放回科研。为了确保安全，钱学森把办公桌搬到火箭测试车间，和工人们同吃同住。

他们在研制过程中遇到大难题：火箭在飞行试验中总是晃动。钱学森带着团队连续工作七天七夜，发明了"三步检查法"：先用老式手摇计算机核对数据，再用模型做模拟实验，最后组织各派代表一起学习毛主席著作统一思想。这个方法既尊重科学规律，又照顾了当时特殊的社会环境。1970年年初，火箭要在零下20摄氏度做低温试验，他创新提出"边试验边调整"方案，把三个月的工作压缩到二十三天完成。

1970年4月24日，中国第一颗人造卫星"东方红一号"成功升空。当《东方红》乐曲从太空传回地面时，发射场

66

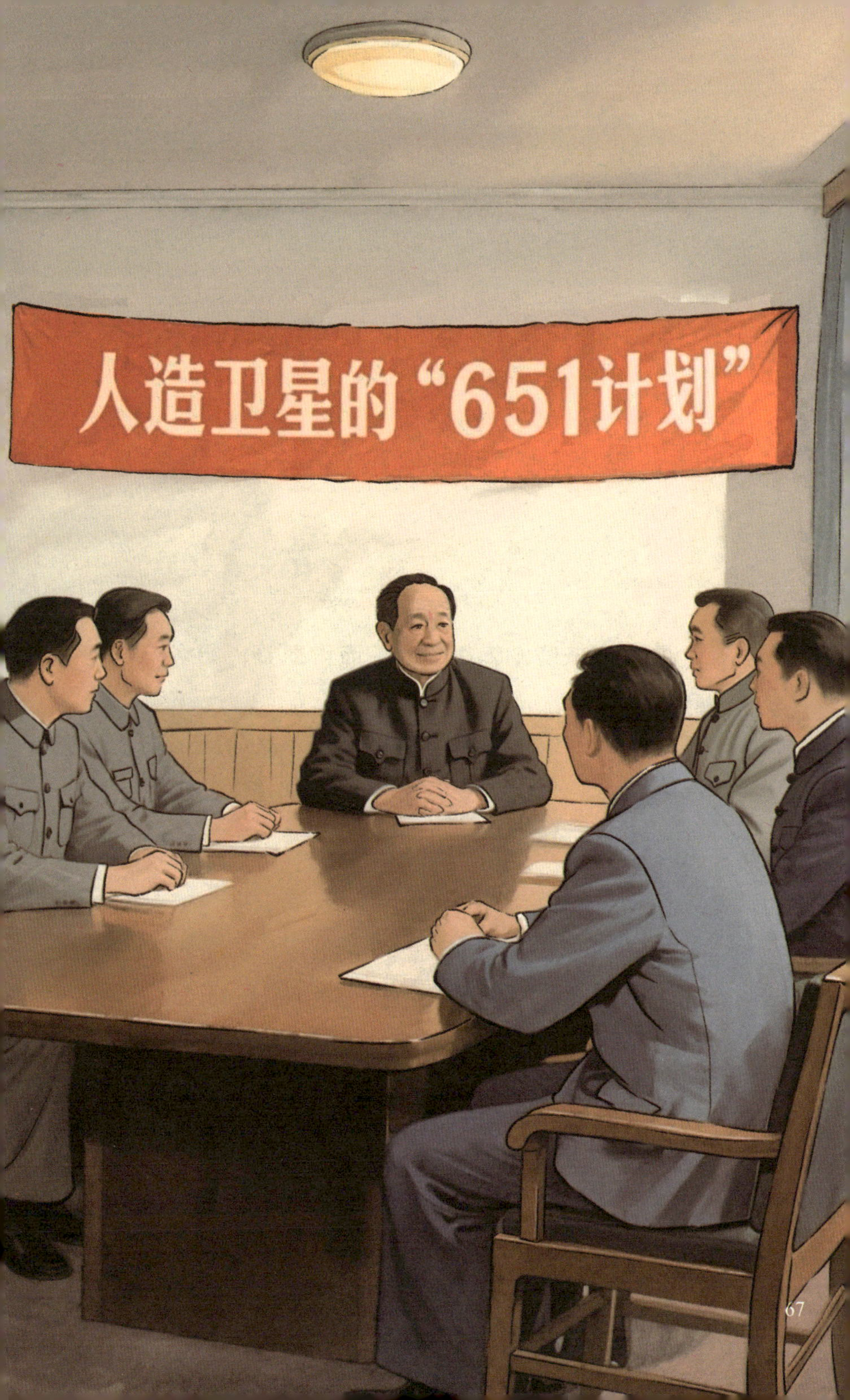
人造卫星的“651计划”

里的科研人员都激动地抱在一起流泪。从开始研制人造卫星到发射成功只用了五年时间，比其他国家快得多。钱学森后来总结说："科学真理就像太阳，乌云再厚也遮不住它的光芒。"

如今在西昌卫星发射中心，竖立着钱学森的铜像，底座刻着他生前常说的话："搞科学要实事求是，就像种树要天天浇水。"这段特殊时期的航天故事告诉我们：无论遇到什么困难，坚持真理、团结协作就能创造奇迹。

古训今用

朋友们玩魔方都很厉害，而你很笨，怎么办？

身边的朋友最近都迷恋玩魔方，好朋友的魔方技术更是无人能敌，而你只能勉强拼出一面，感到很沮丧。这时，你需要掌握两个方法。

方法一：阶梯式技能拆解

试着将魔方分解为"底层→中层→顶层"三个阶段，一层一层练习。用贴纸标记每日攻克层级，例如今日完成底层复原，看到自己的进步。

方法二：建立观察学习系统

用手机记录朋友还原魔方的步骤，比如先拼角块后棱块，再每天利用一定时间，比如十分钟、十五分钟，重点模仿朋友衔接的手法。

"看史鉴则议论伟"

——多了解历史，借鉴经验

看史鉴^①则议论^②伟^③。

【注释】

① 史鉴：能作为借鉴的历史事实。

② 议论：谈吐，观点。

③ 伟：卓越。

【译文】

多了解历史才能有卓越的观点。

自学成才的史学家

钱穆是江苏无锡人，他12岁丧父，跟着母亲艰难度日。1912年，18岁的他由于家中实在交不起学费，中途退学。但他退学后并没有放弃学习，一边自学，一边教书养家，其间，他阅读了大量的史学著作。

1930年，钱穆凭借《刘向歆父子年谱》一书，一举成名，轰动了整个史学界。著名史学家顾颉刚看了他的书后，非常赏识他，推荐他到燕京大学任教。之后顾颉刚又给北京大学文学院院长兼中国文学系主任的胡适写信，信中说："他如到北大，我即可不来，因为我所能教之功课他无不能教也，且他为

学比我笃实。我们虽方向有些不同，但我尊重他，希望他常对我补偏救弊。故北大如请他，则较请我为好。"

钱穆在燕京大学任教不久，又被聘为北京大学教授。在这座中国最高学府里，钱穆十几年的史学功底，使他在讲授课程时能旁征博引，有据有识，因此他的课程也很受学生的喜欢。只要他上课，教室里常常挤满了学生，哪怕不是这个专业的学生也会来蹭课。学生们惊叹钱穆对典故的旁征博引、知识的渊博，更惊异于他的记忆力之强。

在讲课的过程中，钱穆也不是只会掉书袋子。比如，在对比中西文化的时候，他把秦汉文化比作室内遍悬万盏明灯，打碎一盏，其余犹亮；把罗马文化譬为一盏巨灯，熄灭了就一片黑暗。这种比喻非常形象，赢得学生的阵阵掌声。

钱穆的口才也很好，出口成章。在当时的北大，他与

胡适都以演讲的方式上课而驰名学校，两人都成为北大最叫座的教授。学生把他们二人相提并论，称之为"北胡南钱"。当时通史课的教室在北大梯形礼堂，面积是普通教室的三倍，每一堂课近三百人，坐立皆满，盛况空前。他自己也曾颇为自负地说过："大凡余在当时北大上课，几如登辩论场。"

古训今用

你觉得历史都是过去的事，不喜欢学，怎么办？

历史都是过去很久的事情，跟现在的生活几乎不同，你不明白为什么要学，也不喜欢看历史书。这时，你可以通过两种方式改变认知。

方式一：建立时空对话思维

将历史事件与今天的生活进行类比，比如将楚汉争霸类比班级竞选，分析刘邦团队的合作策略与现代人际交往的共通点，感知历史存在的意义。

方式二：培养因果推理意识

从历史现象反推现实问题，如通过商鞅变法失败的原因，讨论班级新规推行时如何平衡创新与接受度，达到以古鉴今的目的。

"子孙虽愚，经书不可不读"

——任何时候不能不读书

子孙虽^①愚，经书^②不可不读。

【注释】

① 虽：即便。

② 经书：原指《诗经》《尚书》，后来指书籍。

【译文】

子孙即便头脑愚笨，也一定要读书学习。

读书胜于一切

钱玄同是五四新文化运动的重要推动者，作为北京大学教授和《新青年》杂志的撰稿人，他主张打破旧文化束缚，推广科学民主思想。他的儿子钱三强后来成为我国著名核物理学家，父子两代人用不同方式为祖国贡献力量。钱玄同虽精通古文研究，却从不强迫儿子继承自己的事业，他常说："每个人都有选择志向的自由，就像鸟儿选择飞翔的方向。"这种开明的教育理念，为钱三强打开了探索科学的大门。

在父亲的鼓励下，少年钱三强迷上了科学书籍。当时正值西方科技传入中国，他在中学物理课上第一次见到发电机模型，回家兴奋地对父亲说："我想学工科，用科学改变国家！"钱玄同笑着回应："科学是新时代的翅膀，你尽管去追。"1929年，钱三强考入北京大学理科预科班，但英语基础薄弱成了"拦路虎"。当他为背单词而苦恼时，钱玄同轻拍他的肩膀提醒："别忘了你是属牛的，遇到困难要拿出牛劲！"这句话让钱三强重燃斗志，每天清晨5点起床朗读英语，半年后以优异成绩考入清华大学物理系。

1937年钱三强获得公费留法资格，临行前父亲突发重病。看着儿子犹豫的模样，病床上的钱玄同坚定地说："记住你的牛劲儿，学成定要回来报效国家！"在巴黎大学镭学研究所，钱三强师从居里夫妇研究原子核物理，每天工作

十四小时记录实验数据，被同事称作"实验室里的中国黄牛"。1948年他放弃国外优厚待遇，带着十几个装满资料的木箱回到祖国，后来成为"两弹一星"元勋。

这对父子用行动诠释了教育的真谛：钱玄同像园丁般尊重孩子的成长方向，钱三强则像种子在合适的土壤中茁壮成长。

古训今用

由于老记不住单词，导致你的英语分数很低，怎么办？

期末考试，你的英语分数非常低，主要原因是老记不住英语单词。你有了放弃学英语的想法。这时，你可以尝试以下两种策略。

策略一：重构记忆意义

尝试用同一词根创造新词，例如 act → active → activity，发现语言规律的趣味性，在激发兴趣的同时可以一次记忆多词，提高背诵效率。

策略二：建立进步锚点

用荧光笔在试卷标出已掌握词汇，制作"征服词汇地图"，展示可视化学习轨迹。再用其他颜色的笔标记不认识的单词，逐一攻破，激发成就感。

第三章

家庭责任篇
爱家、懂感恩

《钱氏家训》说："父母伯叔孝敬欢愉。"钱锺书每天早晚问候父亲，坚持了三十年。钱氏宗祠挂着"兄弟阋墙，不如友生"的祖训，提醒家人要像朋友一样团结。"勤俭为本"是钱家代代相传的持家秘诀。钱伟长年轻时变卖家产资助家族子弟读书，就像家训里说的那样"岁饥赈济亲朋"。今天的钱家人依然遵守"家富提携宗族"的规矩，设立教育基金、修缮老宅，把"忠厚传家"四个字刻在门楣上。从每天整理书桌的小事，到帮助亲人渡过难关的善举，钱家人用行动证明：爱家不是喊口号，而是把责任扛在肩上。

"父母伯叔孝敬欢愉"

——好好对待自己的家人

父母伯叔孝敬欢愉①。

【注释】

① 欢愉：使父母伯叔欢乐愉快，即承欢。

【译文】

对父母伯叔要孝敬，使之欢愉。

友爱团结的大家庭

在杭州钱氏家族中，钱学森与堂弟钱学榘的成长故事最能体现这个书香门第的互助精神。1914年出生的钱学榘比钱学森小3岁，两人虽非亲兄弟，却情同手足。1928年某日，14岁的钱学榘因家中变故面临失学危机，这一幕恰好被钱学森的父亲钱均夫撞见，他让人喊回四处借钱的堂弟钱泽夫。从此，钱均夫默默资助侄子读书十年，却始终叮嘱家人保密："别给孩子压力，让他安心向学。"

钱学榘格外珍惜来之不易的学习机会，每天清晨5点便到西湖边背诵英文单词。1931年他以全省第十一名的成绩考入浙江大学，校长特意致电钱均夫报喜。没想到这位严苛的伯父却说："你森哥当年考的是上海交大。"这句话激起了少年的斗志，钱学榘毅然放弃浙大录取资格，转考当时中国顶尖的交通大学。经过三个月挑灯夜战，他最终以总分第四名考入机械工程系，仅比钱学森当年的名次低一位。

钱均夫对侄子的关爱远不止经济支持。每逢寒暑假，他都会带两个少年参观江南造船厂，指着轰鸣的机器说："科技才是强国之本。"1935年钱学森赴美留学前夕，特意将珍藏的《工程力学笔记》赠予堂弟，扉页写着"兄在太平洋彼岸等你"。这份期许化作钱学榘奋斗的动力，他后来成为航空发动机专家，抗战期间主持设计多款军用飞机引擎。钱氏家族这种既讲亲情又重激励的教育方式，培养出二十余位科

技专家。

正如钱学榘晚年回忆："伯父教会我们，真正的家族传承不是血缘，而是共同求知的信念。"钱家两代人用行动证明：互敬互助的家风与追求卓越的精神，才是人才辈出的核心密码。

古训今用

奶奶生病了，你感觉什么忙也帮不上，很沮丧，怎么办？

你从小是奶奶照顾长大的，你很爱奶奶。现在奶奶生病了，你不知道自己能做什么，感到很沮丧。这时，你可以从两件小事做起。

一、力所能及照顾奶奶

每天三次测量奶奶的体温，或者提醒奶奶按时服药。在奶奶感觉不舒服的时候，帮忙简单按摩缓解。尽可能做两件自己力所能及的事情。

二、关爱奶奶的精神状态

在奶奶无聊的时候，陪伴在奶奶身边，给她讲讲学校发生的事。也可以给奶奶演唱她爱听的歌曲，不会唱的话，用电脑播放也可以。

"妯娌弟兄和睦友爱"

——兄弟姐妹友爱相处

妯娌^①弟兄和睦友爱。

【注释】

① 妯娌：兄弟的妻子的合称。

【译文】

对妯娌、兄弟都要和睦友爱。

"复制粘贴"的两兄弟

　　钱学森与钱学榘是一对堂兄弟,他们的祖父钱承磁是杭州丝绸商人,父亲钱均夫和钱泽夫虽分属两房,但始终秉持"诗书传家"的祖训。因钱学榘家道中落,少年时代他长期寄居在堂兄家,两人相差3岁却形影不离,常在西湖边比赛解数学题,钱学森总把解题诀窍写在纸条上,塞进堂弟的书包。1930年钱学森以第三名考入上海交通大学机械系,两年后钱学榘受其激励,以第四名考入同校同专业,这段"兄弟接力"的佳话当年登上《申报》教育版,交通大学校长黎照寰称赞:"钱氏双璧,交大之光。"

　　1935年钱学森考取庚款留美资格,临行前将整理四年的《空气动力学笔记》赠予堂弟。钱学榘不负所望,次年以全校总分第一的成绩被麻省理工学院录取。兄弟俩在波士顿重逢时,钱学森特意带他去参观实验室:"这里的风洞设备能测出飞机翅膀的极限,我们中国将来也要有!"

　　20世纪40年代,两人同在加州从事航空研究,钱学森钻研理论,钱学榘专注发动机设计,美国同事称他们为"钱氏双星"。1949年中华人民共和国成立后,钱学森多次写信邀堂弟回国,但钱学榘因参与美国军用航空项目选择留下,这个决定让兄弟俩分隔大洋两岸三十年。

　　1979年中美建交后,钱学榘携妻儿首次归国。在北京华侨饭店,两位白发学者相拥而泣。钱学森摸着堂弟从美国

带来的波音707模型说："我们设计的'东风二号'能打这么高！"尽管身处不同国度，但他们始终保持着每月通信的习惯，钱学森的信封上总印着中国科学院的标志，钱学榘的回信则贴着自由女神邮票。

古训今用

妹妹破坏了你的画，你很生气，怎么办？

今天放学，你发现你画了两小时的水彩画被妹妹乱涂乱画了一堆东西，这让你非常恼火。这时，你需要两种方式进行自我调整。

方式一：管理自己的情绪

默念"妹妹的行为≠针对我的作品"，区分事实与感受。同时换个角度看待这个问题，如"修复后会产生新故事"，缓解自己的不良情绪。

方式二：实施预防策略

设立"个人创作保护区"，如用屏风隔离画架＋透明罩保护。同时划定"妹妹探索区"，并为她提供替代材料，实施预防保护策略。

"勤俭为本，自必丰亨"

——养成勤劳节俭的好习惯

勤俭为本，自必①丰亨②。

【注释】

① 自必：必然。

② 亨：通"烹"，本义是煮，这里指饭菜，指代衣食家用。

【译文】

以勤劳节俭为本，定会丰衣足食。

科学家的朴素情怀

被誉为"中国导弹之父"的钱学森，虽然为国家航天事业作出巨大贡献，却始终保持简朴的生活作风。这位享誉世界的科学家曾获得1994年"何梁何利基金科学与技术成就奖"和2001年"霍英东杰出奖"，两次奖金均达百万港币，但他从未将奖金用于个人享受，而是全额捐给中国西部的沙漠治理事业。这种克己奉公的精神，体现在他日常生活的每个细节中。

钱学森在北京的住所是20世纪50年代分配的老式单元房，使用面积不足100平方米。组织多次提出为他更换更宽敞的住房，都被他婉言谢绝："家里就几口人，住着挺合适。"这套房子里的木质书柜、布艺沙发等家具，从入住使用到他2009年逝世，始终保持着原样。更令人敬佩的是他的日常穿着——常年穿着深蓝色中山装，这些衣服都是20世纪70年代找裁缝定做的。就算领口、袖口磨得发白，他也舍不得换新。有次参加国际会议前，工作人员想为他定制新西装，他摆手笑道："外事活动穿现有的就行，科研经费要省着用在刀刃上。"

跟随钱学森数十年的公文包，边角早已磨损脱皮，子女多次想更换都被他制止："能装资料就是好包。"这个见证过"两弹一星"研制历程的旧皮包，如今陈列在国家博物馆，成为科学家艰苦奋斗的见证。即便在20世纪90年代，

他仍坚持用钢笔手写文稿，稿纸正反两面都写满字迹。有张计算火箭燃料配方的草稿纸，背面还记录着买菜清单。这种节俭习惯并非经济困难所致，而是源于他"物尽其用"的信念，正如他常对助手说的："科研条件要改善，个人生活够用就好。"

从百万奖金全额捐献到旧衣旧物重复使用，钱学森用一生践行着"淡泊明志"的准则。

古训今用

妈妈总是让你拣哥哥穿小的衣服穿，怎么办？

哥哥比你大两岁，他的衣服穿小了，妈妈就给他买新衣服，然后让你穿哥哥换下的衣服。你觉得这样很不公平。这时，你可以从两方面着手。

一、了解家庭的分配支出

跟妈妈商议，通过记账 APP，记录家里支出流向，直观感受家庭支出分配，如每月衣物支出占比，从而理解妈妈管家的不容易。

二、发展需求表达能力

先肯定妈妈节俭，"我知道您很节省"，再表达需求，"我想要一件参加表演的新衬衫"，最后提出方案，"我可以用自己的零花钱分担一半费用"。

"须立良好之规则"

——遵守良好的家庭规则

欲造^①优美^②之家庭，须立良好之规则^③。

☙ 【注释】

① 欲造：想要打造。

② 优美：美好和谐。

③ 立规则：制定家规。

☙ 【译文】

要建个像样的和谐家庭，先得立下好的规矩。

身教胜于言传

钱永刚作为著名科学家钱学森的长子，在计算机领域取得卓越成就的成长历程，印证了家庭教育中"以身作则"的力量。

钱学森虽享国家领导人待遇，却常年穿着洗得发白的蓝色中山装，即便袖口磨破也坚持缝补后继续穿着。有次家里厨师感慨："钱先生每次用餐前都穿戴整齐，这是对劳动者的尊重。"这个细节让少年钱永刚明白：外在的朴素与内在的修养同样重要。

钱学森的书房是身教的最佳课堂。上千册书籍与科研资料严格按照科学有序的方式归档，每份文件右上角都标注着分类编号与日期标签。学生来访时，他能在三秒内从第三排书架取出所需文献。这种严谨作风深深地影响着钱永刚，如今他的工作室同样采用父亲发明的"坐标定位法"：实验数据按年份、类型、编号三位编码存放，确保三十年前的资料也能快速调取。钱永刚说："父亲教会我，秩序就是效率的生命线。"

钱学森坚持亲自整理卧室，将被褥叠成标准的"豆腐块"，这个习惯源自他早年在美军实验室的工作经历。钱永刚从小被要求负责家中前院的清扫，即便寒冬也要将落叶归入指定竹筐。有次大雪后，13岁的他因未及时铲雪被父亲提醒："科学家首先要学会对身边事负责。"这些要求塑造了

钱永刚终身奉行的准则：实验室设备使用后必须复位，编程代码严格标注修改记录。

2001年钱学森获得"霍英东杰出奖"的百万奖金时，第一时间捐给西部治沙工程，这个决定深深地震撼了钱永刚。他后来将获得的科技进步奖金项设立为"青年创新基金"，资助了一百二十七个高校科研项目。

古训今用

你经常丢三落四，耽误了不少事，怎么办？

早上上学，你都走出小区了，才想起美术课上要用的水彩笔没带，跑回去取，结果上学迟到了。你挨了老师批评，感到很委屈。对此，你需要养成两个好习惯。

习惯一：睡前物品核查

建立"书包检查清单"，同时在书桌的显眼处张贴课程表。每天晚上对照清单和课程表将次日需要的物品放入书包，形成"课程表→物品→书包"的固定动作链条。

习惯二：可视化任务管理

使用"三色时间轴法"，比如用红笔记录当日必须完成的事项，如带作业本；用蓝笔标注长期任务，如购买美术材料；用绿笔标记已完成项。通过颜色区分提升记忆力。

"内外六闾整洁"

——打造整洁有序的环境

内外六闾①整洁②。

【注释】

① 内外六闾：家宅内外的所有街巷。六，泛指周围区域。

② 整洁：干净有序。

【译文】

屋里屋外、周围街道都要收拾得干净整齐。

严谨细致的族规

在江苏无锡的啸傲泾畔，坐落着传承千年的钱氏祖宅七房桥。这座始建于明代的家族聚居地，是吴越王钱镠后裔的重要分支，曾走出至少十五位精英，包括力学泰斗钱伟长、国学大师钱穆和中国工程院院士钱易。探究这个家族人才辈出的奥秘，就藏在七房桥斑驳的粉墙与清澈的河水中——严谨的家训与严格的执行机制，塑造了钱氏子弟自律奋进的品格。

清光绪年间订立的《钱氏家训》明确规定：村中主街禁止牲畜通行，农耕牲畜须经专用通道出入，每日由专人清

扫；孩童不得向河道抛掷石块，违者家长需下河清理。这些看似严苛的规矩，实则在培养责任意识与公德心。据《无锡县志》记载，1905年某日，少年钱福炜（钱伟长祖父）放牛归家时贪近路牵牛入主街，耕牛受惊留下排泄物。其父钱伯圭得知后，当即提着木桶、铁铲清理街道，并携子向族长请罪。这种"有过必纠"的家风，让钱氏子弟自幼懂得规矩的重要性。

严谨的治家理念延伸至教育领域。七房桥的怀海义庄设有书塾，免费供族中子弟读书，但执行严格的管理制度：学生每日需将笔墨归置指定位置，书籍按编号存放。1911年钱穆在此求学时，因未将《资治通鉴》放回原处而被罚抄家训十遍，这段经历让他养成了终身严谨的治学态度。

家族更将河道治理智慧转化为育人理念——定期疏浚河

道保持水流畅通，钱氏长辈每年召集子弟检视学业。钱伟长12岁时因算术薄弱，被安排每天额外练习珠算两小时，这种具有针对性的培养方式成就了他在应用数学领域的造诣。

古训今用

妈妈不在家，你不想洗袜子，怎么办？

今天体育课踢足球后，你的袜子被汗水浸得发臭。刚巧妈妈出差，没办法像往常一样帮你洗。你没洗过袜子，也不愿意洗。这时，你有两个选择。

选择一：按照妈妈的步骤洗袜子

按步骤完成浸泡→揉搓→漂洗→晾晒，记录各环节耗时，对比自己完成的时间，体会家务劳动的不容易，从而更感恩妈妈。

选择二：科学观察替代主观回避

将未洗的袜子密封静置两小时，观察汗渍氧化变黑的过程，用实证数据理解清洁的必要性，促使自己摆脱懒惰的思想。

"忠厚传家，乃能长久"

——秉持忠诚厚道的本性

忠厚①传家②，乃能长久③。

【注释】

① 忠厚：忠诚，厚道。

② 传家：传给子孙后代。

③ 长久：家族延续不衰。

【译文】

家族只有以忠诚、厚道为传承的信条，才能长久地延续下去。

状元胸襟照古今

明朝状元钱福以一首《明日歌》传世至今，这位吴越王钱镠的后裔自幼便展露出非凡的才华，8岁能诗，连中会元、状元，并且在官场沉浮中展现出超越时代的品格力量。弘治三年（1490年），钱福高中状元后任职翰林院修撰，这位青年才俊因生性坦率且好饮酒直言，常在不经意间得罪同僚。某次翰林院考核中，他因批评某位官员的文章"如老妪裹脚布"，引发众怒遭弹劾罢官，时年不过30余岁便结束仕途，却也因此留下彰显人格光辉的篇章。

回到松江老家的钱福与当地官员保持距离，当时的知府刘琬虽与其有诗文往来，却因钱福不趋炎附势的态度渐生嫌隙。正德元年（1506年），刘琬遭人诬告贪污，满城官员避之不及之际，已无官职的钱福却星夜赶赴苏州向刑部特使陈情。他手持历年府衙账册抄本，条分缕析证明刘琬清正："松江三年治水耗银八千两，每笔皆有工匠画押；修桥铺路支出一万两千两，各村族长具结为证。"这番缜密的举证令审查官员叹服，最终还刘琬清白。

洗冤后的刘琬被携重礼登门致谢，钱福仅收下两坛黄酒笑言："当日举证非为私交，实因公义不可诬。"仍以平常心相待。刘琬被这种不计前嫌的风度深深折服。当钱福44岁英年早逝时，这位昔日知府不仅出资操办葬礼，更亲自督造墓园，在碑文中记述："钱公之德，皎若明月，照浊世而不

自耀。"据《松江府志》记载，钱福墓前栽种的十株柏树，至今仍矗立在今上海市金山区亭林镇，见证着公道自在人心的永恒真理。

从才华横溢的状元郎到归隐乡野的布衣，钱福用一生践行《明日歌》中"今日事今日毕"的准则，更以"事理为重、私怨为轻"的胸襟留下可贵的精神遗产。

古训今用

你捡到了同学的东西，不想还，怎么办？

同学小明收藏了一张很珍贵的奥特曼卡，平时都不舍得让你看。今天你无意中捡到了这张卡，你想偷偷留下。这时，你需要两个"清醒"的认知。

认知一：明确物品归属权

要知道，谁的物品所有权归属谁，其他任何人未经许可都无权占有。而且"拾金不昧"是中华民族的传统美德，应该发扬。

认知二：评估行为后果

留下卡片将导致失信风险。一旦被发现，你将失去大家对你的信任。而如果选择归还卡片，则可能让友谊升级，被认可为可靠的伙伴。

"岁饥赈济亲朋，筹仁浆与义粟"

——在亲人遇到困难时伸以援手

岁饥①赈济②亲朋，筹仁浆③与义粟④。

【注释】

① 岁饥：粮食歉收的荒年。

② 赈济：提供食物、钱财救助。

③ 仁浆：像甘甜浆水般的善意资助。仁，善心。

④ 义粟：道义层面的粮食援助。义，合乎情理。

【译文】

遇到荒年要接济亲友，筹集救助的钱粮。

族人相帮上学堂

在无锡鸿山镇七房桥村，屹立着江南地区罕见的古代慈善机构——怀海义庄。这座始建于元末明初的建筑，见证了钱氏家族"扶贫济困、重教兴学"的家风传承。明洪武年间，钱氏先祖钱仲彪倡议族中富户捐资设立义庄，将千亩良田收成存入义仓，专用于接济孤寡、资助学子。据《钱氏义庄簿》记载，仅清代道光至光绪年间，这里就发放助学粮三千余石，培养出三十七名举人进士。

钱穆12岁时，遭遇父亲钱承沛病逝，孤儿寡母陷入困境。族人依照祖制提出："义庄存续七百年，本为帮扶族人

而设。"钱穆母亲起初婉拒接济，直到看见两个儿子因营养不良面黄肌瘦，才含泪接受义庄每月发放的六斗米、两贯钱。正是这份保障，让少年钱穆得以继续在果育学堂读书。他每晚就着油灯苦读《古文观止》的身影，成为义庄资助学子勤学的缩影。

钱穆的长兄钱挚是义庄育人理念的践行者。1911年从常州府中学堂师范班毕业后，他力主将义庄资产用于创办新式小学。在族老支持下，"钱氏私立又新小学"于次年挂牌成立，校舍就设在义庄东厢房。这所完全免费的学校开设国文、算术、地理等课程，首年招收三十七名钱氏子弟，采用商务印书馆最新教材。钱挚亲自教授历史课，常带学生到义庄碑廊讲解家训："这些捐资助学的记录，就是我们钱氏的脊梁。"

从义庄粮仓走出的不止钱穆兄弟。据《无锡教育志》统计，1912—1949年，七房桥钱氏子弟升学率达92%，远超周边村落。义庄设立的"优秀学子奖"激励着代代后人：获奖者需在年终祭祖时当众诵读《钱氏家训》，并将笔墨等奖品分赠同窗。这种"受助—反哺"的良性循环，使得怀海义庄不仅是物质救济站，更成为精神传承所。

古训今用

表弟到你家玩，对你的玩具爱不释手，怎么办？

周末，小姨带着上幼儿园的表弟来你家玩。表弟对你最喜欢的玩具熊很感兴趣，临回家时哭闹着不愿放下。这时，你有两个选择。

选择一：守护物权边界

若玩具承载着特殊的纪念意义，可温和告知，同时提供替代方案，比如让表弟选择其他玩具带回家。这样既保护了自己的珍爱之物，又培养了表弟的边界意识。

选择二：建立暂借契约

如果你愿意适度分享，可以与表弟做个约定，允许表弟将玩具熊带回家，但要在约定时间内送回。这样既缓解分离焦虑，又锻炼幼儿遵守承诺的能力。

"家富提携宗族"

——一家人要互助互爱

家富提携①宗族②，置义塾③与公田④。

【注释】

① 提携：主动帮助。

② 宗族：同姓家族成员。

③ 义塾：免费学堂（古代家族自办学校）。

④ 公田：家族共有土地（收入用于集体事务）。

【译文】

家里富裕了，要帮扶族人，办免费学堂，留家族公田。

家族薪火传希望

在无锡七房桥钱氏家族中，传承七百年的怀海义庄不仅接济贫困，更点燃了无数子弟的求学火种。力学泰斗钱伟长的成长经历，正是这份家族互助精神的最佳见证。1908年其祖父钱承沛早逝后，父亲钱挚与叔父钱声一（钱穆胞兄）在义庄资助下完成学业。钱挚在1912年利用义庄资产创办"又新小学"，为家族教育播下火种。钱伟长出生时，这个教师家庭本已走出困境，但1918年冬的一场大火烧毁祖宅，让全家再度陷入绝境。

面对断壁残垣，钱挚夫妇本欲让11岁的钱伟长辍学谋

生，少年闻讯后紧抱家中廊柱哭求："我愿每日只食两餐，求父母许我读书！"这番恳切之言感动了义庄主事，他决定每月增发三斗米、两吊钱专项助学。在家族的支持下，瘦小的钱伟长每天穿着叔父的旧长衫，步行5里到又新小学上课，书包里总装着冷饭团充饥。小学毕业时，他以全优成绩考入无锡县立初级中学，成为七房桥第一个公费中学生。

在赴外求学的关键时期，叔父钱穆伸出援手。这位时任苏州中学教师的历史学家，每月从四十银圆薪水中拨出八元资助侄儿，并在寒暑假亲自指导他研读《史记》《汉书》。钱伟长后来回忆："叔父书房满架典籍，却要求我每读必做札记，这种训练让我学会严谨治学。"钱伟长考入清华大学时，钱穆特赠清代学者戴震的《考工记图》刻本，扉页题写"学问如积薪，后来者居上"，这份期许成为他攻克"钱伟

长方程"的精神动力。

从义庄的赈济粮到钱穆的助学银，钱氏家族用实际行动诠释"育才重教"的家训。据统计，仅1900—1949年，怀海义庄累计资助三百二十七名钱氏子弟完成基础教育，其中二十一人成为教授级专家。这种"受助—反哺"的良性循环，使得七房桥钱氏在近现代涌现出六位两院院士。

古训今用

学校组织为灾区捐款，你的零花钱用完了，怎么办？

某地区发生地震，学校鼓励大家省下零花钱为灾区捐款，可是你这个月的零花钱都用光了。这时，你可以考虑以下两种方式。

方式一：自己创造价值

可依靠自己的特长赚取相应的零花钱，比如制作手工书签、贺卡义卖，或为邻居提供代取快递等轻劳务（需家长陪同确保安全）。

方式二：家庭协作参与

召开家庭会议，提议"爱心配捐"计划：家长捐100元，而你通过整理家庭应急物资、学习防震知识等方式兑换相应的价值。

第四章

为人处世篇
学会与人相处

《钱氏家训》说："信交朋友，惠普乡邻。"意思是答应朋友的事要做到，多帮邻居做好事。钱锺书写书时，连出版社预付的稿费都不收，他说："不属于我的钱不能拿。"家训里还教我们"临财不可不廉介"，钱家祠堂至今挂着"不贪心"的牌子，提醒子孙要清清白白。

　　"恤寡矜孤，敬老怀幼"是钱家人代代相传的善心。而"小人固当远"的智慧，教会我们遇到心术不正的人要冷静远离。从古至今，钱家人用行动证明：诚实、善良和正直，才是与人相处的真本事。

"恤寡矜孤，敬老怀幼"

——要懂得尊老爱幼

恤寡①矜孤②，敬老怀幼③。

【注释】

① 恤寡：照顾寡妇、无依靠者。恤，体恤，照顾。

② 矜孤：怜悯孤儿。矜，同情。

③ 怀幼：爱护孩童。怀，关怀。

【译文】

照顾孤寡无依之人，尊重老人，爱护年幼的孩童。

科学家钱易的环保育人路

　　中国工程院院士钱易是国学大师钱穆的女儿，她不仅开创了高效废水处理技术，更以爱心教育培养了大批环保人才。这位清华教授研发的微生物处理技术在全国应用，每年减少百万吨污水排放。同时，她坚持六十余年教书育人，用行动诠释了科技工作者的责任与担当。

　　1959年钱易从清华大学研究生毕业，开始教授环境工程课程。她将复杂的污水处理原理编成顺口溜，带学生到北京高碑店污水处理厂现场教学。特殊时期下放江西劳动时，她在稻田边用树枝画图讲解："微生物就像清洁工，能分解

水里的污染物。"这种生动的教学方式让学生终生难忘。1979年在北京农药厂边劳动边教学期间，她白天指导学生检测水质，晚上在车间批改作业。学生主动把最亮的台灯让给老师备课，这份师生情谊成为她坚守讲台的动力。

　　钱易对学生的关怀细致入微。1995年得知研究生王凯旋因父亲重病欲退学，她悄悄垫付医疗费并联系医院专家，帮助其完成学业。据统计，她累计资助过二十三名贫困学子，却从不留名。她指导的五十八位博士生中有十二人成为学科带头人，但这位院士始终保持着朴实作风——出差自己订票，实验器材亲手整理，连办公室茶叶都自费购买。在清华大学环境学院，至今保存着她手写的教案，泛黄纸页上的红笔批注旁贴着学生的感谢卡，见证着"把学生当孩子"的教育理念。

从青丝到白发，钱易在三尺讲台耕耘六十三年，主编的《中华人民共和国水污染防治法》推动我国污水处理率提升至95%。在她的书房挂着父亲手书"学而不厌，诲人不倦"的条幅，这既是家训传承，也是科教工作者的精神写照。如今80多岁的她仍坚持带研究生，实验室里常能见到她与年轻人讨论技术的身影。从无锡钱氏走出的这位科学家，用毕生实践证明了真正的成就不仅在论文专利，更在点亮每个求知者的心灵之光。

古训今用

邻居奶奶生病了，没人照顾，怎么办？

你家的邻居是一位独居奶奶，平时对你特别关爱。这两天听说她生病了，没人照顾，你很是担心，可你还要上学。这时，你需要做好两个准备。

准备一：合理规划时间

设定固定探视时段，如每天放学后 18:00—18:30，避免影响你正常的学习与休息。优先完成作业和家务，腾出时间帮助奶奶取药，或陪伴奶奶聊天。

准备二：基础护理准备

在家长的帮助下准备"应急包"，包括退热贴、消毒湿巾、紧急联系卡等。每日记录奶奶的体温（早/晚各 1 次）和饮食情况，发现异常立即告知家长或社区人员。

"小人固当远"

——要有明辨是非的能力

小人①固②当远③，断④不可显⑤为仇敌⑥。

【注释】

① 小人：品行低劣的人。

② 固：当然。

③ 远：疏远。

④ 断：绝对。

⑤ 显：公开表露。

⑥ 仇敌：敌对关系。

【译文】

对品行低劣的人当然要疏远，但绝不能公开闹翻成仇人。

穿越重洋的镀膜机

钱临照是钱伟长的堂兄，曾经一起在怀海义庄的书塾读书。他不仅是著名的物理学家，更是一位明辨是非的爱国者。他的每个选择，都像精确的实验测量一样，清清楚楚地丈量出何为真、何为假，何为重、何为轻。

1949年，身在美国的钱临照刚获得英国皇家学会院士的荣誉。世界顶尖的贝尔实验室向他抛出"橄榄枝"：终身职位、十倍高薪、最先进的实验室。

面对这条风光无限的路，钱临照却攥着一封山东大学的来信彻夜未眠——祖国刚结束战乱，物理系连像样的实验室都没有。

有人劝他："这里条件这么好，何必回国吃苦？"

钱临照斩钉截铁地回应："山大的物理教室还空着，培养中国自己的学生，才是真爱国！"

接下来，钱临照做了一件让美国海关瞠目的事：把实验室严禁出口的真空镀膜机（当时最精密的设备）拆解成二百多个零件，混装在旧衣服和礼品盒里闯关托运。

当机器零件在青岛港重新组装成功时，这架"衣箱里的仪器"催生了中国第一个近代物理实验室！

十年后，当第一批中国学生用那台镀膜机做出成果时，钱临照在实验记录本上写下："科学无国界，但科学家有祖国。爱国的刻度，刻在每一次取舍之间。"

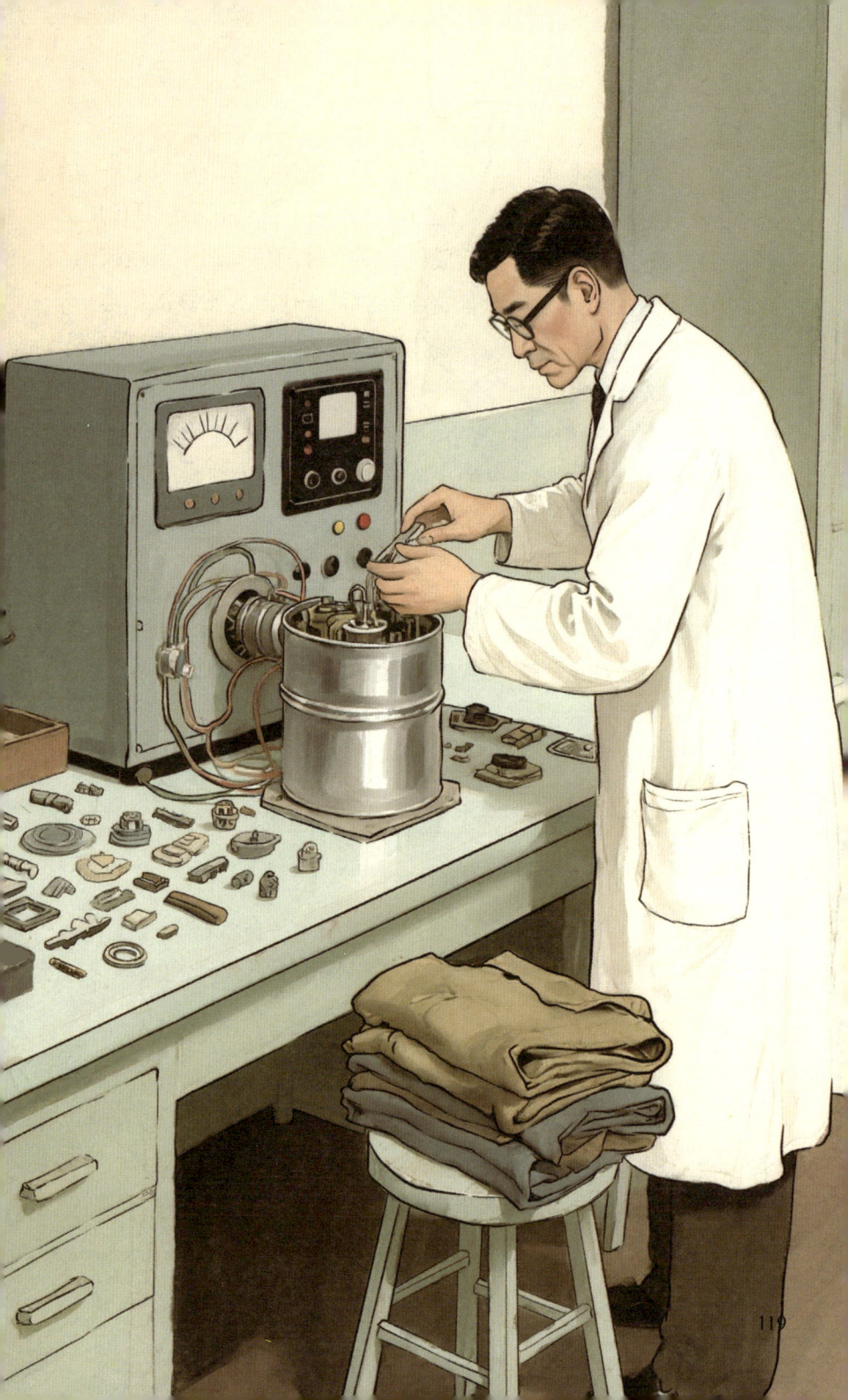

科学不仅是实验室里的数据，更是人生的标尺。钱临照像对待实验一样对待人生选择：排除干扰项，测量真价值。

这台穿越重洋的镀膜机，如今静静陈列在中国科技馆。它冰冷的金属光泽里，始终折射着一代学人滚烫的信念——真正的明辨是非，能在繁华诱惑前看清初心，能在荆棘路上为后人铺就坦途。

钱临照用一生证明：最精密的实验仪器，永远是一颗赤诚报国的心；最准确的测量刻度，永远是时代赋予的责任。

古训今用

好朋友总怂恿你和他一起逃课，怎么办？

好朋友最近迷恋上了手球，每次上体育课，好朋友都鼓动你逃课，跟他一起去玩手球。这时，你要表明两个态度。

态度一：明确规则底线

给好朋友适当提醒，比如"体育老师在看"，以此提示遵守纪律的重要性。同时可以提供替代方案，比如"放学后我陪你去练，现在先认真上课"。

态度二：建设性维护关系

先肯定朋友的优点，比如"我知道你现在手球已经很厉害了"，再说明违规后果，最后表达陪伴意愿，比如"下课后我先陪你研究手球技巧"。

"信交朋友，惠普乡邻"

——做诚信慷慨的人

信^①交朋友，惠^②普^③乡邻。

【注释】

① 信：诚信。

② 惠：给予好处。

③ 普：广泛，普遍。

【译文】

用诚信结交朋友，用恩惠帮助邻里。

诚信铸就企业魂

洁华控股创始人钱怡松以诚信经营闻名商界，这位荣获"中国好人榜""全国优秀环境科技实业家"称号的企业家，用三十年实践诠释了"商道即人道"的真谛。

1996年创立公司之初，钱怡松便立下铁律：保质保量完成订单，准时偿还银行贷款，依法足额缴税。这"三确保"原则成为洁华发展的根基。2008年钢材价格暴涨期间，面对跨年度订单亏损压力，他坚持按合同价完成价值3800万元的除尘设备生产，虽损失利润260万元，却赢得上海宝钢等大客户的长期合作，次年企业销售额逆势增长18%。

对员工，钱怡松始终践行"诺言重于泰山"的理念。2007年国家调整福利企业税收政策时，他顶住经营压力，维持全公司35%的残疾员工比例，即便每年多支出薪酬福利150万元。技术员王建军回忆："2003年公司资金紧张时，钱总抵押房产也要按时发薪，这样的老板值得追随。"这种担当使洁华连续二十四年获评"ＡＡＡ级信用企业"，成为嘉兴地区唯一获此殊荣的环保装备制造企业。

在2015年某次投标中，发现竞争对手报价存在恶意低价，钱怡松主动向招标方提供成本核算数据，最终放弃价值800万元订单。这种"宁失利益、不违商德"的作风，使洁华的产品入选工信部《国家鼓励发展的重大环保技术装备目录》。面对赞誉，他总说："诚信不是口号，是算清'良心

账'和'责任账'。"如今，洁华的烟气治理设备已应用于全国280座城市的工业项目，每年减少大气污染物排放超百万吨，用科技力量守护蓝天白云。

钱怡松办公室悬挂的《诚信守则》首条写着："承诺前慎思，诺出必践行。"这既是企业经营准则，也是他的人生信条。

古训今用

你借了同学的钱，却忘记主动归还，怎么办？

你从同学那里借钱买了瓶饮料，说好第二天还，却不小心忘记了。几天后，同学为此指责你，说你不守信用。这时，你需要做两个补救。

补救一：即时债务清算

真诚地向同学道歉，同时实施"加倍补偿"——归还借款并附赠小礼物，如笔记本等，并保证再也不会犯同样的错误。

补救二：防止遗忘方案

准备一个待办事项本，把每天要做的事情一一列举下来，比如先写作业，再练习跳绳，完成后做标记符号。关于承诺的事情，用荧光笔特殊标记，以免遗忘。

"不见才而生嫉"

——做一个心胸宽广的人

不见利^①而起谋^②，不见才^③而生嫉^④。

【注释】

① 利：利益，好处。

② 起谋：动算计的念头。

③ 才：他人的才能。

④ 生嫉：产生嫉妒心。

【译文】

不会看到利益就动歪心思，不会看到他人的才能就起嫉妒心。

力学大师的赤子之心

  钱伟长是我国著名力学家，他放弃国外优厚待遇，用一生诠释"科学报国"的信念。1946年，这位多伦多大学博士毅然归国，在清华大学创办我国首个力学专业，编写的《弹性力学》教材被全国高校沿用三十余年，培养出百余位力学专家，为我国航空航天事业奠定基础，被誉为"中国近代力学之父"。

  中华人民共和国成立初期，高等教育全面效仿苏联模式。钱伟长发现拆分综合性大学导致学科割裂，于1957年

发表《高等工业学校的培养目标问题》，建议保留基础学科
教育。这篇论文却让他被错划为"右派"，被迫离开清华讲
台，辗转首钢当起炉前工。在炼钢车间，他利用力学原理改
造高炉送料系统，使工作效率提升40%，工友们称他"穿工
装的教授"。劳动间隙，他蹲在煤堆上演算公式，用砖头当
黑板教工人识图，将专业知识化作二十余项技术革新。

特殊时期结束后，钱伟长重返科研岗位，提出"变分原
理在弹性力学中的应用"等开创性理论。1983年担任上海
工业大学（现上海大学）校长时，他创建"终身教授制"，
破格录取数学满分、语文不及格的偏科生，强调"专业要为
时代服务"。面对三峡工程论证，他综合运用流体力学与地
质学知识，提出大坝抗震设计优化方案，节省建设资金数

亿元。

从清华园到炼钢炉，从力学教材到三峡大坝，钱伟长始终践行"国家需要就是我的专业"的信念。他的书房挂着自题对联"不为一己求安乐，愿作人梯育英才"，这正是他七十年科教生涯的写照。如今上海大学钱伟长图书馆珍藏着他"劳动改造"期间的手稿，泛黄纸页上的计算公式与钢花烫痕交织，见证着科学家逆境求索的赤子之心。

古训今用

同桌考试成绩比你好，你很嫉妒，怎么办？

最近的几次考试中，同桌的成绩忽然比你高了一大截，受到了老师的表扬，你很嫉妒他。这时，你不妨给自己做两张分析卡。

分析卡一：三维优势定位

不用单一的成绩评价自己，而是从学习（如数学计算快）、品格（如主动帮值日生擦黑板）、特长（如跳绳每分钟180个）三个维度来分析自己的优点。

分析卡二：错题归因训练

将考试错误分为知识型（公式记错）、习惯型（漏写单位）、策略型（时间分配不当）三类，逐一选择适当的调整方案，规避重复的错误。

"君子固当亲, 亦不可曲为附和"

——要有自己的主见, 不盲目附和

君子①固②当亲, 亦不可曲为附和③。

【注释】

①君子: 德行高尚的人。

②固: 固然, 确实。

③曲为附和: 违背本心勉强迎合。

【译文】

对德行高尚的人固然要亲近, 但也不能违心讨好。

家训故事

不曲意逢迎的钱氏父子

　　钱玄同作为中国现代文字学奠基人，与其子钱三强用两代人的坚守诠释了"求真不附和"的精神。这位新文化运动先驱早年师从章太炎研习国学，却在学术探索中始终保持独立判断。1935年章太炎主持的《制言》杂志约稿时，钱玄同虽敬重恩师，但仍坚持在文章中推广新式标点符号，明确表示："白话文与标点乃时代所需，虽与先生主张相左，然学术贵在求实。"这种既不盲从权威也不回避分歧的态度，深刻影响了其子钱三强的学术品格。

钱三强赴巴黎大学居里实验室深造时，面对导师伊蕾娜·居里的显赫家世与同辈的奉承风气，选择以严谨实验赢得认可。他每日工作十四小时记录放射性数据，用三年时间完成《α粒子与质子的碰撞》论文，这份不趋炎附势的专注使其成为实验室首位获独立课题的中国学者。

1979年，钱三强出任浙江大学校长期间，正值浮夸风气蔓延，他在开学典礼上强调："科研成果要像居里夫人提炼镭那样，一克一克地积累，不可虚报半分。"他为此建立"双盲评审"制度，要求所有论文数据经第三方验证，三年间全校科研论文撤回率降为零。

竺可桢评价钱氏父子"追求真理，不盲从、不附和"的品格，在当代仍具现实意义。钱玄同推动的注音符号方案使

全国文盲率从80%降至1952年的42%，钱三强主持的原子能研究所培养出二十三位两院院士。北京鲁迅博物馆珍藏的钱玄同1925年日记本上，工整抄录着顾炎武名句"君子之学，死而后已"，而钱三强办公室悬挂的"实事求是"手书，正是两代人精神传承的见证。钱氏父子的故事证明：真正的学术精神不在附和潮流，而在坚守真理的勇气与脚踏实地的执着。

古训今用

大家都支持班长的提议，你有不同意见，怎么办？

中午午休，班长提议男生一起去踢球，大家都表示同意。而你还有作业没完成，不想把时间用在踢球上。这时，你有两个选择。

选择一：直接表达想法

结合自己的情况，直接表达真实想法，比如"我需要先完成数学作业，可能没时间参加这次踢球了"，不盲目附和大家的意见。

选择二：协商式解决问题

提出三个方案供投票：A.先踢球，后补作业；B.完成作业后观战加油；C.分组行动（学习组＋运动组）。让大家都有选择的权利，更民主。

"临财不可不廉介"

——任何时候都不要贪图钱财

临^①财不可不廉介^②。

【注释】

① 临：面对。

② 廉介：廉洁，正直。

【译文】

面对钱财利益，必须保持廉洁与正直。

清官钱芹的家风传承

　　明代嘉靖年间，浙江海盐钱氏家族涌现出以清廉著称的知府钱芹。这位1538年进士出身的官员，历任刑部主事、永州知府等职，始终秉持"仁政爱民"理念，其治家为官之道在《海盐县志》《永州府志》等多部史籍中留有翔实记载。钱芹任永州知府期间，改革刑讯制度，废除杖责等体罚，首创"问心审案法"，要求衙役当庭诵读《大明律》，引导涉案双方依法自省。当地百姓称其"不用刑具断是非，但凭公理服人心"。在他的任内诉讼量下降六成，牢狱空置率创嘉靖朝江南地区之最。

钱芹的清廉不仅体现在公堂之上，更渗透于生活点滴。他的父亲80岁寿辰时，正值钱芹赴京述职，他未收属官贺礼，以随身笏板（古代官员上朝用的记事板）书写祝寿诗："宦海浮沉三十载，清风两袖奉高堂。"这件特殊的"寿礼"后被镌刻成木匾，至今悬挂在海盐钱氏宗祠正厅。其夫人日常布衣蔬食，某次赴庙会被乞丐围困，众人得知是知府家眷后笑言："原想讨些油水，谁知比我们还穷！"

　　钱氏家风深刻影响着后代。其女嫁给江西右布政使刘烍后，仍保持简朴作风。1560年省亲途中拜访刘烍之妹沈宜人，面对满屋华服仆从，她仅着素布衣裙、头戴葛巾赴宴。这番对比令沈宜人羞愧反思，事后将绫罗衣衫尽数捐赠，此事载入《嘉兴府志·列女传》。钱芹外孙刘世延官至南京工部尚书，始终沿用外祖父传下的"三不家规"：宴客不过四

菜、出行不乘八抬轿、修宅不超三进院。万历年间首辅申时行曾赞："钱公遗风，三代犹存。"

永州太平门遗址现存嘉靖三十五年（1556年）《去思碑》，刻录着百姓感念钱芹治绩的颂文；海盐博物馆珍藏的钱氏家训木匣，内藏嘉靖官窑青花碗碎片，铭记着"宁碎不贪"的祖训。

古训今用

同桌捡到了钱，不想上交，怎么办？

放学路上，你和同桌一起捡到了 50 元钱。同桌提议用这些钱买饮料和零食，一起分享。这时，你需要有两个清醒的认识。

认识一：坚守道德准则

提醒同桌"现在花掉 50 元只能开心半小时，但诚实归还能获得长期安心"，还可以建议"想象丢钱的是自己的奶奶，她该多着急"，激发共情心理。

认识二：正确处理失物

和同桌一起在捡钱处停留一刻钟，等待失主，超过时间就把钱交至学校德育处。如果学校没有人，交到最近的派出所也可以。

"能安分则鬼神无权"

——做好自己该做的事情

能安分①则鬼神无权②。

【注释】

① 安分：安守本分。

② 无权：无法干涉。

【译文】

为人处世如果能安守本分，那么鬼神也无法干涉。

三朝重臣的立身之道

历经康熙、雍正、乾隆三朝的钱陈群，以清廉自律与育才报国著称于世。这位嘉兴籍官员虽官至刑部尚书、太子太傅等要职，却始终秉持"君子不党"的原则，在康乾盛世的官场中树立了独特典范。作为乾隆帝倚重的文臣，他主持编纂《大清会典》，担任科举主考二十余年，培养出纪昀、刘墉、钱大昕等数十位栋梁之材，却始终与门生保持清正关系。纪昀编纂《四库全书》期间多次携礼拜访，皆被婉拒。刘墉任山东巡抚时欲为恩师修缮故宅，钱陈群回信时严词道："官舍为民所建，私宅岂可逾制？"这种风骨使他在门生故旧遍朝野的情况下，始终未涉党争，成为清代少有的"无派系重臣"。

钱陈群与乾隆帝的君臣之交堪称佳话。乾隆帝六次南巡，五次特召其随驾，二人诗书往来三百余篇，乾隆帝亲批"江南二老"金匾相赠（另一位为沈德潜）。但这份殊荣未改其克己奉公的作风：任刑部侍郎十年间，他建立"案卷三审制"，要求死刑案件必须经三位官员独立复核，任内平反冤狱四十七起。某次审理满族宗室案件时，他顶着压力坚持依法判决，连乾隆帝都感叹："钱卿执法，铁面冰心。"

除司法政务外，钱陈群心系民生。他首创"植树抵赋"政策，允许百姓种植桑枣抵扣部分税赋，推动直隶地区十年增植树木百万株；针对粮价波动，设计"常平仓阶梯籴粜

法"，通过官方粮仓调剂稳定物价。这些创新举措被收录在《清史稿·食货志》中。1758年他奏请整顿科举考场的《肃场规疏》，更成为清代科举改革的重要蓝本。

告老还乡后，钱陈群将毕生积蓄用于修建嘉兴府学宫，临终前将乾隆所赐貂裘典当，所得银两全数捐作学子膏火。

古训今用

上课时，你的小动作被老师发现了，怎么办？

数学课上，你和好朋友用纸条传悄悄话，被老师发现了，但老师没有点名批评你俩。你感觉很惭愧。这时，你要做到两个自觉。

自觉一：课后主动道歉

课后，和好朋友一起主动找老师说明情况，比如"老师，我们上课传纸条干扰了课堂纪律，以后会注意听讲"，用具体行动展现诚意。

自觉二：设立课堂小约定

与好朋友约定遵守课堂纪律，如"上课认真听讲，有什么话可以下课再交流"，既不影响课堂纪律，又保留沟通需求。

"程子之四箴宜佩"

——待人处事要注意礼仪

程子之四箴^①宜^②佩。

🔖 【注释】

① 四箴：程颐（北宋理学家）制定的四条行为
准则。

② 宜：应当。

🔖 【译文】

应该随时以程颐的四条行为准则对照言行。

"认死理"的礼部尚书

在北宋初年的朝堂上，有一位叫钱惟演的大臣，是五代十国时吴越国国王钱镠的孙子，出身显赫。他的学问极好，尤其在古代的礼仪规矩上，堪称"活字典"。他性格认真严谨，甚至有点"钻牛角尖"，对古书上记载的礼法推崇备至，容不得半点更改，是个出了名的"书呆子"兼"礼迷"。

宋真宗赵恒在位时，认为自己治国很有成绩，决定去泰山举行盛大的"封禅"大典。到了筹备阶段，大家商量一个关键环节：如何处理那份密奏给上天的"玉牒文书"？按照最古老的权威经典《周礼》的规矩，这份重要的文书在祭祀完成后，必须用金盒子（金匮）小心封藏起来，然后深埋在祭坛之下，表示只有天神知晓内容，绝对保密。

可是这次，有一些官员提出了不同意见："陛下，如今天下太平，举行这盛典正是宣扬您的恩德和上天的福佑啊！把这玉牒文藏起来，百姓怎么知道这浩荡天恩呢？不如把其中吉祥的好消息公布出去，让万民同乐，感恩戴德！"

礼部尚书钱惟演一听就急了！"不行！绝对不行！"他立马站出来大声反对，"《周礼》里写得清清楚楚，'玉牒秘藏金匮'，这是祖宗传下、代代遵循的规矩！祭祀的核心就是对天地的至诚敬畏之心！"

为了坚持这点，钱惟演不止一次在朝堂上据理力争，甚

至不惜以辞官来表明自己的决心！正是他这股近乎固执、无比较真的劲头，以及对礼法由心而生的敬畏，说服了宋真宗和大多数大臣。最终，大典严格按照《周礼》举行。玉牒文书被郑重地封入金匮，深埋地下，完成了它"天神专属"的使命。

钱惟演绝非迂腐，在他心中，一丝不苟地遵循这些古老仪式，表达的是帝王和臣民对天地神灵那份最深沉的敬畏。他用自己的倔强，守护着心目中关于"礼"的信仰高地。

古训今用

在特殊场所，有同学大声喧哗，怎么办？

今天，老师让作为班长的你带领大家去市郊的老年公寓提供帮助。在老年公寓，有几个同学出现打闹现象。这时，你需要做好两件事。

一、启动"分组监督制"

将同学分为三人一组，并指定纪律员，发现喧哗，立即做"嘘声+手指贴唇"手势。同时安排活泼好动的同学参与搬运慰问品等体力劳动，消耗过剩精力。

二、根据特长分工

根据同学的特长进行合理分工，比如让会手工的同学教老人折纸，擅长唱歌跳舞的同学给老人表演，爱下棋的同学陪老人下棋，让每个同学都有发挥空间。

"救灾周急，排难解纷"

——积极帮助有困难的人

救灾周急①，排难解纷②。

e **【注释】**

　　① 周急：接济急难困苦。

　　② 解纷：化解纠纷。

e **【译文】**

　　接济急难困苦的人，为他人排除危难，化解
纠纷。

重义轻财的钱锺书

钱锺书先生作为享誉中外的文学大家，其淡泊名利的生活态度与独特的处世原则令人敬仰。这位学贯中西的学者始终秉持"重义轻财"的理念，在特殊年代每月仅领取62元工资时，仍坚持将半数收入用于接济他人。据其夫人杨绛回忆，20世纪50年代有位同事因家人生病借款1000元，钱锺书直接赠予500元并叮嘱"不必归还"；司机因事故需垫付伤者医药费时，他同样折半资助，这种"折半相助"的方式逐渐成为身边人熟知的温情规则。

对待普通劳动者，钱锺书展现的尊重更显人格光辉。

一次住院期间，护工阿姨提及家乡建房缺钱，他特意用无锡方言与杨绛商议，次日便让夫人送去3000元。这笔钱相当于当时普通工人半年收入。阿姨含泪推辞时，杨绛笑言："他说你家砖瓦间该有书香。"这种超越身份的关怀持续至生命终点——钱锺书逝世后，杨绛又赠予护工4万元，其女钱瑗每逢节庆必寄送生活物资，将父亲的仁爱精神延续二十余年。

与慷慨助人形成鲜明对比的，是钱锺书极简的生活作风。位于南沙沟的家中，客厅沙发是20世纪50年代的卡其布面旧物，书桌用木板砖块搭成，满室最值钱的财产是万余册批注密布的书籍。1998年某外国代表团来访，见到这位享誉世界的学者竟用搪瓷缸泡茶待客，感叹："钱先生的朴素，让我们重新理解了中国文人的精神境界。"这种"富在学

问，贫在物质"的生活态度，源自他终身践行的理念："人的价值不在外物，而在精神世界的丰盈。"

钱锺书批注的《管锥编》手稿现存于国家图书馆，泛黄纸页间既可见学术智慧，更留存着借款记录、购物清单等生活痕迹。这些看似矛盾的细节，恰恰印证了杨绛的评价："他像古代君子，既能胸怀天下文章，又能体贴人间冷暖。"

古训今用

体育课上，有同学受伤了，怎么办？

体育课上，一位同学跑步的时候不小心崴了脚，疼得在地上大哭。其他同学要么没注意到，要么手足无措，这时，你可以提供两个帮助。

帮助一：原地观察伤情

让受伤同学先不要动，你也不要随意扶同学起来，可以观察他的脚踝是否肿胀或明显变形，然后通过轻轻碰触，询问同学疼痛程度。

帮助二：求援分工帮助

喊上周边的同学分头行动，通知体育老师和校医，确保专业人员到场。而你负责守护在同学身边，在心理上给予同学安慰。

第五章

家国情怀篇
从小有担当

《钱氏家训》说："利在天下者必谋之。"旨在告诉我们：真正的大志向，是关心天下人的幸福。

　　家训里"公益之心"的教导，让钱氏后人像钱永健那样，得了诺贝尔奖就捐建希望小学；"长远眼光"则提醒我们：既要做好眼前的事，也要像钱氏先祖开仓赈灾那样，多做造福后代的好事。从古代修桥铺路的善行，到今天捐资助学的公益活动，钱家人始终相信：心里装着别人，人生才会更宽广。

"利在天下者必谋之"

——为社会尽自己的绵薄之力

利^①在一身勿^②谋也，利在天下者^③必谋之。

【注释】

① 利：利益。

② 勿：不要。

③ 天下者：天下人。

【译文】

只对自己有利的事，不要去做；对天下人都有利的事，必须去做。

钱学森的赤诚爱国心

钱学森作为新中国航天事业奠基人，其归国历程与科技贡献镌刻着赤诚的报国情怀。1935年，24岁的钱学森赴美深造，先后在麻省理工学院和加州理工学院取得航空工程硕士、空气动力学博士学位，成为冯·卡门教授最器重的学生。第二次世界大战期间，他参与美军"曼哈顿计划"外围研究，设计的"JATO火箭助推器"使美军轰炸机载弹量提升40%，被授予上校军衔。美国海军副部长金布尔曾评价："他的价值抵得上五个师。"这段经历为他赢得国际声誉，却未动摇其报效祖国的决心。

1949年中华人民共和国成立的消息传到大洋彼岸，钱学森立即着手归国准备。当他准备登船时，遭到联邦调查局的扣押。他被关押在特米纳岛监狱遭受十三天审讯，体重骤减十三公斤。此后五年间，他的住所被二十四小时监控，信件需经审查，但他仍坚持用香烟纸演算公式，完成《工程控制论》手稿。1955年6月，他通过比利时友人辗转寄出致陈叔通副委员长的求救信，周恩来总理立即指示外交部部长王炳南在日内瓦会谈中交涉。经过十七轮谈判，美国政府最终释放这位被软禁一千三百多天的科学家。

1955年10月8日，钱学森携妻儿经罗湖桥踏入国境，随身十一箱资料中包括空气动力学公式手稿、火箭设计图等重要文献。抵京次日，周恩来总理在中南海设宴接见，他当即

建议成立国防部第五研究院。此后三十年，钱学森带领团队实现中国航天"三级跳"：1960年自主研制"东风一号"导弹成功发射，1964年主持"两弹结合"试验震动世界，1970年"东方红一号"卫星奏响太空乐章。他提出的"系统工程"理论，至今指导着我国重大科技项目实施。

正如钱学森晚年所言："我此生有三件最激动的事——入选中国科学院、加入共产党、见证祖国航天崛起。"

古训今用

经常有同学忘记关闭水龙头，怎么办？

在学校里，每次你去洗手间的时候，都会发现有同学忘记关闭水龙头，浪费了很多水。这时，你可以做两件事。

一、制作"三秒警示贴"

在水龙头旁粘贴醒目的水滴状贴纸，最好用防水贴纸，箭头直指开关位置，并标注"旋转15°即可节水"。直观提示每个使用水龙头的同学，及时关闭水龙头。

二、开展"30秒值日制"

与班级卫生委员协商，将"课间检查水龙头"纳入班级值日生职责。值日生在课间不定时去洗手间检查一下水龙头关闭的情况，避免水资源浪费。

"执法如山，守身如玉"

——永远坚守自己的底线

执法①如山，守身②如玉。

【注释】

① 执法：执行法令。

② 守身：保守节操。

【译文】

坚定执行法令，坚守自身节操。

坚持原则的钱伟长

钱伟长作为我国著名力学家与教育家，用一生践行"科学报国"的誓言。他自清华大学毕业后考取中英庚款留英资格，在与二十二名学子赴沪登船时，发现护照盖有日本使馆签证。这位28岁的青年毅然带头撕毁护照："我宁可放弃留学，也不受侵略者庇护！"这场"拒签事件"迫使英国政府重新核发无日签护照，使得中国学人推迟一年方乘"俄罗斯皇后号"启程。1942年获多伦多大学博士学位后，他研发的"钱伟长方程"解决了飞机翼型计算难题，并成为国际航空航天领域的经典理论。

1946年，钱伟长婉拒美国加州理工学院教职回国，次年又拒绝赴美邀请表格中"忠诚美国"的宣誓条款。当时，北平研究院院长李书华见证其表态："我效忠的只有养育我的土地。"

　　任清华大学教务长期间，钱伟长建立新中国首个力学实验室，将钢板焊接技术引入城市建筑，带领师生参与人民大会堂钢结构计算。被下放首钢劳动期间，他仍用炉渣做粉笔教授工人力学知识，完成《穿甲力学》手稿，这份在炼钢炉边写就的专著成为国际弹道学研究的重要参考资料。

　　改革开放后，年近七旬的钱伟长推动成立上海工业大学，首创"拆四堵墙"办学理念：打破学校与社会、教学与科研、学科与学科、教与学之间的隔阂。1990年担任中国海外交流协会会长期间，他促成一千五百余名华人学者回国效

力，并在香港回归前夕主持编制《香港基本法》科学条款。即便是90岁高龄，钱伟长仍坚持每日工作十小时，其书房悬挂的自题对联"桑榆未晚，报国以诚"映照出毕生信念。北京应用物理与计算数学研究所珍藏着钱伟长的手稿笔记本，褪色的封皮上依稀可见油渍与钢灰，见证着科学家逆境求索的赤子丹心。

古训今用

好朋友想让作为班干部的你提供便利，怎么办？

你是班级的劳动委员，植树节当天，你的好朋友尽管身强力壮，但不想干挖坑的活，想让你帮忙安排轻松的活。这时，你需要坚守两个原则。

原则一：公开透明分配

按能力给全班同学划分任务区——挖坑区（体力好的同学）、扶树区（细心同学）、浇水区（其他同学），并当众宣布每个人的分工。

原则二：带头示范行动

自己先拿起铁锹挖出第一个树坑，转头对好朋友说"咱俩一组，我挖土你运土，配合起来更快"，给好朋友及其他同学做出好的示范。

"利在万世者更谋之"

——做事要有长远的眼光

利在一时固^①谋^②也，利在万世^③者更谋之。

【注释】

① 固：当然。

② 谋：图谋，做。

③ 万世：很多代，泛指很长时间。

【译文】

如果一件事有一时的好处，当然可以去做；如果是对子孙万代都有好处的事，更要用心规划。

环保教育的耕耘者

　　钱易院士作为我国环境工程领域的先驱者，用60个春秋谱写了科技报国与生态守护的华章。1959年清华大学研究生毕业留校后，她扎根水污染防治研究，针对我国工业废水处理难题，首创"复合生物反应器"技术，使造纸废水处理成本降低40%，该成果被列入国家"八五"科技攻关重点项目。

　　面对20世纪90年代经济高速发展带来的环境危机，钱易率先提出"环保教育先行"理念。1996年，她在清华大学开设"环境保护与可持续发展"公选课，将深奥的生态理

论转化为生动案例：用太湖蓝藻暴发警示水体富营养化，借伦敦烟雾事件剖析大气污染治理。她主编的教材累计发行超五十万册，配套开发的3D模拟软件让污水处理流程直观可视，这套教学体系被北大、复旦等一百二十七所高校采用。2001年该课程入选教育部"国家级精品课程"，其倡导的"全校通识+专业教育"模式，推动环境教育从专业领域走向全民普及。

在推动制度变革方面，钱易始终走在前列。1998年，她向清华大学提交《创建绿色大学规划纲要》，提出"绿色教育、绿色科研、绿色校园"三位一体理念：要求实验室配备废水回收系统，校园建筑采用节能材料，工科专业增设环境伦理必修课。这些举措使清华大学成为我国首个通过ISO 14001环境管理体系认证的高校，其经验被写入《全国生态

文明教育实施纲要》。

2015年巴黎气候大会期间，时年79岁的钱易仍奔波于国际论坛，用流利的英语向世界讲述中国环保故事。她展示的电子教案中，记录着三十年间带教一百二十七名硕士博士的数据——这些学子如今遍布环保部门与科研院所，如同播撒的种子在各行各业生根发芽。

古训今用

公园草坪总被踩秃，怎么办？

小区公园有片大草坪，最近被人踩出光秃秃的"小路"，看着很是不美观。这时，你可以试试以下两种方法。

方法一：实施小草"康复"计划

如果面积很大，让家长与物业沟通，进行补救。如果面积不大，和家长一起在被踩区域铺上透气的麻布网，同时在麻布上方播撒新的草籽。

方法二：共同守护草坪

在草坪边上立个提示牌（可以用彩笔画），提醒邻居绕开草坪行走。也可以找几个伙伴，一起监督提醒，共同守护草坪。

"以养正气为先"

——做一个富有正义感的人

庙堂①之上，以养正气②为先。

【注释】

① 庙堂：这里指朝堂。

② 正气：正直的风气。

【译文】

在朝廷中做官，要把培养正直的风气放在首位。

钱穆的一身正气

钱穆作为中国现代史学泰斗，毕生以学术研究践行爱国理想，其成长历程与治学生涯始终贯穿着炽热的家国情怀。1902年，7岁的钱穆在无锡荡口镇果育学堂受业于革命党人钱伯圭，这位曾参与辛亥革命的老师以《万国史纲》为教材，讲述欧美列强侵华史，在少年心中播下"读书报国"的信念。每逢周末，钱穆徒步二十里往返南京雨花台，在古战场遗址上默诵《史记》，将历史兴衰与民族命运紧密相连。

1911年武昌起义爆发时，钱穆正在南京钟英中学就读，与同学相约投笔从戎，后因家人阻拦未成。此后二十年间，他在苏州、无锡等地中小学任教，始终将历史课堂作为爱国教育阵地：讲解《马关条约》时带领学生绘制日军侵华路线图，教授《扬州十日》时组织排演抗清话剧。抗日战争全面爆发后，钱穆随北大南迁至昆明西南联大，在日军空袭警报声中坚持讲授《中国通史》，用"秦汉一统""盛唐气象"等历史篇章激励学子，手写讲义后来被整理成《国史大纲》，扉页"任何国民都应对本国历史有所知"的宣言成为抗战时期的精神火种。

在西南联大简陋的铁皮教室里，钱穆开创"问题教学法"：通过"为何中华文明五千年延续不断""怎样看待民族融合"等提问，引导学生思考历史规律。1944年豫湘桂战役溃败时，他在课堂上对比南宋抗金与晚明抗清案例，强

调"文化存则民族存"的真理，可容三百人的教室里挤满站立听讲的师生，窗外时常响起敌机轰鸣，却无人提前离席。这种将学术研究与民族命运相结合的教学方式，培养出严耕望、余英时等大批史学人才，其倡导的"温情与敬意"治史观，至今影响着中国历史学研究。

古训今用

你看到高年级的学长欺负低年级的同学，怎么办？

放学的路上，你看到一个高年级男生拦着一个低年级男孩，不让他通过，你觉得这样以大欺小很不好。这时，你有两个选择。

选择一：安全介入

立刻叫上附近两三个同学一起上前，用身体隔开两人，对低年级同学说："老师马上过来了，我们一起走吧。"将低年级同学带离危险地带。

选择二：快速上报

记住事发位置特征（如第三棵梧桐树旁），以最快的速度跑到最近的教师办公室或保安亭求助。汇报时说清楚人物特征和危险状况，触发校园安全快速响应机制。

"修桥路以利众行"

——学会为他人着想

修桥路^①以利^②众行，造河船^③以济^④众渡^⑤。

【注释】

① 修桥路：架桥铺路。

② 利：便利。

③ 造河船：打造船只。

④ 济：帮助。

⑤ 渡：渡河。

【译文】

架桥铺路，为人们出行提供便利；打造船只，帮助大家渡河。

![家训故事]

以科学技术造福四方

　　钱伟长作为著名力学家，始终坚持"科学服务民生"的理念，将深奥的力学理论与国家建设紧密结合。他提出基础研究与应用开发相辅相成的科学观，在改革开放后的二十年间，带领团队解决多项重大工程难题，用实际成果印证科技转化的力量。

　　1980年考察福建马尾港时，钱伟长发现四个泊位因选址不当导致淤塞严重。传统迁建方案需耗资亿元、耗时五年，他创新提出"束水攻沙"方案：在对岸抛投五万立方米卵石形成导流堤，利用水流自然冲刷航道。这项花费仅

三百万元的技术改造，使马尾港年吞吐量提升40%，相关论文被国际港口协会列为经典案例。1984年，他在考察黄河口期间，面对拦门沙冰封困局，指导博士生设计"高压水枪冲沙"装置，通过精确计算水流速度与含沙量，仅用三个月便疏通十公里航道，为胜利油田节省运输成本上亿元。

在西北扶贫调研中，钱伟长将力学思维融入生态工程。针对甘肃干旱问题，他提出"提黄灌溉"计划：用黄河水电将河水提升三百米至黄土高原，修建梯级蓄水池发展滴灌农业。经过十年建设，该工程形成十一个灌区，新增五百万亩良田，使甘肃从缺粮省变为"陇上粮仓"。1992年考察云南时，他绘制"南方丝绸之路"复兴蓝图，建议打通滇西通往南亚的商贸通道，同时开发个旧锡矿、澜沧江水电等资源。这些建议被纳入国家西部开发规划，如今中缅油气管道、昆

曼公路等重大工程均受益于此。

　　钱伟长指导设计的"钱氏万能试验机"应用于三峡大坝混凝土检测，提出的"板壳内禀理论"指导鸟巢体育馆钢结构建造。北京科技大学保留着他手绘的甘肃引黄工程草图，褪色的线条间标注的流量计算公式，见证着科学家将论文写在大地上的赤子情怀。

古训今用

单元的楼道里总是堆满杂物，怎么办？

　　尽管小区物业提醒过很多次，可是你家所在的单元楼道里，仍然堆满了杂物，你很担心有安全隐患。这时，你可以采用以下两种方式。

方式一：数据化警示

　　拍摄楼道堆放杂物照片，再通过P图，模拟火灾场景，标注"98%的火灾起于堆积物"（依据消防救援局年度报告数据），贴到单元门上，形成视觉冲击警示。

方式二：触发群体效应

　　每周三放学后或周六休息时，在单元群发"今晚7点我戴黄手套清理五分钟，欢迎加入"的信息，利用从众心理逐步动员邻居。

"蓄道德则福报厚"

——多做善事会获得好运

蓄①道德则福报厚②。

c **【注释】**

① 蓄：储蓄，积累。

② 厚：深厚，多。

c **【译文】**

平时多做好事积德，福气自然会深厚长久。

注重德行修养的钱君匋

钱君匋先生是我国现代艺术史上少有的全才型大家，集书画篆刻、书籍装帧、音乐创作于一身，更以高尚品格赢得世人敬重。这位浙江海宁走出的艺术大师，少年时师从丰子恺学习美术与音乐，20世纪30年代为鲁迅、茅盾、巴金等文学巨匠设计书籍封面百余部，其中《彷徨》《子夜》等经典设计开创了中国现代书籍装帧新风。1936年鲁迅逝世后，他耗时三十八年收集整理鲁迅一百二十八个笔名，创作两套篆刻印谱，在特殊年代遭受冲击仍坚持艺术追求。为精准还原鲁迅笔名神韵，他反复研读《鲁迅日记》，对照不同时期手稿笔迹，最终成就《钱刻鲁迅笔名印谱》这部融文学与金石于一体的经典之作。

"文革"期间，钱君匋白天被批斗，深夜仍就着15瓦台灯刻制"鲁迅笔名印"。为防止红卫兵察觉，他用棉被遮窗、以毛巾裹刀减少声响。他因长期在微弱光线下工作，导致右眼几近失明，却未动摇其文化坚守。首套印谱被查抄后，他改用左手执刀续刻，至完成第二套作品时，刻刀已磨短三指宽。这些印章现藏于上海鲁迅纪念馆，其中"旅隼"（鲁迅曾用的笔名）印侧刻有"乙卯冬夜君匋力作"小字，方寸之间既展现金石之美，更铭刻着知识分子的文化担当。赴合肥讲学时，他为庐阳饭店题写"庐阳秀色"横幅，以魏碑体挥就，墨迹酣畅如江淮波涛，不料墨宝遭窃，后淡然重

书，面对饭店歉意笑言："取字者必是知音，此乃艺缘。"
这份豁达胸襟令在场者无不感佩。事后，他更将重写的作品
特意加盖"海宁钱氏"闲章以赠，成就艺坛佳话。

钱君匋手书"艺术当为时代留痕"的条幅，至今悬挂在
君陶艺术院正厅，指引后辈艺者追寻德艺双馨的境界。君陶
艺术院开馆当日，他坐着轮椅，抚摸自己捐赠的吴昌硕《紫
藤图》感叹："这些宝贝终于回家了。"

看到有人在伤害小动物，怎么办？

你在小区里喂流浪猫的时候，看到邻居家的小男孩在
用小树枝追打一只流浪猫，小猫惊恐地四处躲藏。这时，
你需要做两件事。

一、角色互换提问

你可以轻声询问小男孩："如果有个巨人拿树枝追你，
你会害怕吗？"通过换位思考，激发小男孩的共情心理，
让他不再伤害弱小动物。

二、示范正确互动

邀请小男孩和你一起喂食，递给他一块猫零食，引导
他轻轻递到小猫面前："我们像这样轻轻喂，小猫很开心
呢！"由此将攻击性行为转化为友好接触。

"富有四海，守之以谦"

——哪怕再富有，也不要骄傲自大

富有四海^①，守^②之以谦^③。

【注释】

① 四海：四海之内，泛指天下。

② 守：恪守。

③ 谦：谦虚。

【译文】

即便拥有全天下的财富，也要恪守谦逊低调的态度。

吴越王钱镠的治水智慧

    吴越国开国君主钱镠以治水兴邦闻名于世，这位五代十国时期的明君用远见卓识守护了杭州城的千年文脉。907年，钱镠建立吴越国后，面对钱塘江潮患频发、西湖淤塞严重的困境，推行"保境安民"政策，组建专业水利队伍，在沿海修筑"钱氏捍海塘"，用竹笼装石筑堤的创新工法，使杭州城免受潮水侵袭。而关于西湖存废的抉择，更彰显其超越时代的智慧。

    当时，有人进言："填西湖建王宫，可保钱氏江山千年。"面对如此诱惑，钱镠指着西湖驳斥："百姓赖此水灌

田炊饮，若填湖为宫，岂非自绝于民？"他不仅放弃扩建王宫，还将原计划负责修建王宫的三千工匠遣往水利工程。为根治西湖葑草淤塞，钱镠于927年成立千人的"撩湖兵"，这些专业疏浚者每日乘船打捞水草，用特制铁耙清理淤泥。他更在涌金门开凿三个蓄水池，通过竹管连通西湖与城内六井，形成古代城市供水系统。

钱镠的治水功绩影响深远。他主持扩建的杭州城，将西湖纳入城市规划核心，开创"三面云山一面城"的格局。为保持水系畅通，他颁布法令禁止侵占湖岸，违者"杖五十，徙千里"，这份中国最早的水域保护令刻于西湖畔的《钱氏禁碑》。北宋苏轼任杭州知州时，仍沿用钱氏治水方略疏浚西湖，并感叹："杭之为州，本江海故地，水泉咸苦。自唐李泌始引西湖水作六井，然后民足于水。及钱王镠，置撩湖

兵，湖水充溢。"从五代至今，西湖历经三十八次大规模疏浚，始终保持着钱镠奠定的生态治理理念。

在杭州城北的良渚水利遗址陈列馆中，保存着钱镠时期疏浚西湖的石碶工具；西子湖畔的钱王祠内，"保境安民"匾额高悬正殿。这位被百姓尊为"海龙王"的君主，用拒绝填湖的抉择与科学治水的实践，为后世留下"水利兴则国运昌"的治国智慧。

古训今用

比赛得了奖，忍不住骄傲，怎么办？

在区里举办的滑板比赛上，你因为所做的动作难度系数最高，获得了一等奖。你为此沾沾自喜。这时，你不妨按照以下两个步骤去做。

步骤一：设置"二十四小时黄金庆祝期"

允许自己在获奖当晚组织滑板队聚餐，分享喜悦，或者做其他自己想做的事情。总之，这一天可以减少学习，不参加训练，尽情地享受胜利的喜悦。

步骤二：启动"挑战预览"

在庆祝结束后，抽出时间观看更高难度的动作视频，用视觉刺激触发新的训练渴望，以便快速进入训练状态，避免长时间的懈怠。

"公益概行提倡"

——积极参与公益活动

私见^①尽要铲除，公益^②概^③行提倡。

【注释】

① 私见：私心偏见。

② 公益：公共利益。

③ 概：全面。

【译文】

　　彻底摒弃个人的私心偏见，全力倡导维护公共利益。

不图私利的钱学森

钱学森在担任中国科技大学力学系主任期间，不仅亲自编写《星际航行概论》教材，更将科研与育人紧密结合。全国经济困难时期，他发现许多学生用报纸演算公式，便捐出《工程控制论》全部稿费11500元——相当于当时教授十年工资——为贫困生购置计算尺和绘图仪。受助学生李佩后来成为中国科学院研究生院英语系主任，她回忆："钱先生的圆规上刻着'学森'二字，我们使用时都格外珍惜。"这份关怀延续至钱学森晚年。

面对西北荒漠化难题，钱学森提出"第六次产业革命"理论，主张在沙漠发展节水农业。他虽年逾八旬无法亲赴现场，但仍通过书信指导内蒙古阿拉善的沙棘种植试验，建议用滴灌技术培育耐旱作物。1997年他致信甘肃农业大学，建议设立"沙产业奖学金"，资助二十名农牧民子女学习生态治理。这些学生毕业后扎根腾格里沙漠边缘，用学到的固沙技术建成万亩生态林，当地牧民称其为"钱爷爷的绿色使者"。

2001年，钱学森将霍英东奖金百万港元再次捐赠时，特别嘱咐："要培养会种沙柳的博士。"基金会据此在宁夏大学创建沙生植物实验室，培育出能在年降水二百毫米地区存活的杂交柠条品种。晚年的钱学森在卧室里挂满卫星照片，他既关注神舟飞船轨迹，也追踪毛乌素沙漠褪黄的生态

变化。2008年汶川地震次日，病榻上的钱学森仍惦记着岷江上游水土保持工程，嘱托秘书将未发表的《系统科学视角下的生态修复》手稿转交灾区重建指挥部。

这位科学巨匠书房悬挂的自书条幅"仰望星空，脚踩黄土"，既是对航天事业的追求，更是对祖国土地深沉的眷恋。

古训今用

家里不穿的衣物、不玩的玩具很占地方，怎么办？

家里大扫除，整理出很多你不穿的衣服，和不玩的玩具，妈妈觉得太占地方，想扔掉。可你觉得这些东西还能穿、能玩。这时，你可以给妈妈两条建议。

建议一：捐给有需要的人

联系社区，对接旧衣、旧物回收的平台，等待免费上门收取。也可以找捐赠平台，将东西捐给贫困地区。

建议二：举办跳蚤活动

周末在小区空地开展置换市集，把需要置换的东西分类放好，并设置"一本书换三件玩具"等趣味规则，吸引有需求的家庭参与。